聚合物改性二氧化硅气凝胶的制备及性能研究

马海楠　王宝民◎著

吉林大学出版社
·长春·

图书在版编目（CIP）数据

聚合物改性二氧化硅气凝胶的制备及性能研究 / 马海楠，王宝民著 . -- 长春 : 吉林大学出版社，2022.11
ISBN 978-7-5768-1358-6

Ⅰ . ①聚… Ⅱ . ①马… ②王… Ⅲ . ①硅胶－气凝胶－材料制备－研究 ②硅胶－气凝胶－性能－研究 Ⅳ . ① TQ427.2

中国版本图书馆 CIP 数据核字（2022）第 251607 号

书　　名：聚合物改性二氧化硅气凝胶的制备及性能研究
JUHEWU GAIXING ERYANGHUAGUI QININGJIAO DE ZHIBEI JI XINGNENG YANJIU

作　　者：马海楠　王宝民　著
策划编辑：李伟华
责任编辑：刘守秀
责任校对：单海霞
装帧设计：中北传媒
出版发行：吉林大学出版社
社　　址：长春市人民大街 4059 号
邮政编码：130021
发行电话：0431-89580028/29/21
网　　址：http://www.jlup.com.cn
电子邮箱：jldxcbs@sina.com
印　　刷：廊坊市海涛印刷有限公司
开　　本：710mm × 1000mm　1/16
印　　张：13.5
字　　数：170 千字
版　　次：2023 年 3 月　第 1 版
印　　次：2023 年 3 月　第 1 次
书　　号：ISBN 978-7-5768-1358-6
定　　价：68.00 元

前言

SiO_2气凝胶以其优异的性能，如低密度、高孔隙率、高比表面积、低热导率和独特的孔结构在保温、绝热、吸附、催化、航空航天、高能物理、医学、污水处理等领域有着极大研究价值和广阔的应用前景。然而，SiO_2气凝胶骨架特殊的串珠状结构造成了其力学性能差的缺点，阻碍了SiO_2气凝胶的大规模应用。实际上，SiO_2气凝胶力学性能较差的原因主要在于其较低的密度，无序的网络结构，较小的二次粒子连接面积和密集的粒子堆积造成的密度梯度，使SiO_2气凝胶在外力作用下极容易碎裂。因此，增大二次粒子之间的连接面积是改善SiO_2气凝胶力学性能的关键。同时，如果能够将气凝胶固体骨架之间的孔隙结构最大限度地保留，那么其原有的优异性能就不至受到影响。基于此，本书以聚合物增强改性气凝胶为研究重点，分别采用溶液浸泡聚合物改性法、纳米碳纤维联合聚合物改性法及热致相分离法制备了聚合物增强改性SiO_2气凝胶，并对其结构性能进行了表征分析，在改善气凝胶力学性能的同时，力求简化制备工艺、减少有机溶剂用量、最大限度地保留气凝胶低密度高孔隙率的特点。

本书基于溶液浸泡聚合物改性法及分子设计理论，以廉价的水玻璃为原料，通过溶胶 - 凝胶法制备了 SiO_2 湿凝胶，采用不同浓度的甲基丙烯酸甲酯单体 / 乙醇混合溶液对凝胶进行改性，在常压干燥条件下制备了聚甲基丙烯酸甲酯（PMMA）增强改性 SiO_2 气凝胶，并深入探讨了聚合物单体浓度和硅烷偶联剂浓度对改性气凝胶结构及性能的影响。结果表明，硅烷偶联剂的最佳浓度为 37.5 vol-%，制备得到的 PMMA 增强改性气凝胶的热稳定性能够保持到 280 ℃。当聚合物单体浓度达到 50% 时，通过纳米压痕测试得到气凝胶的硬度和杨氏模量分别比未改性 SiO_2 气凝胶分别提高了 13.7 倍和 15.1 倍。

高温条件下，SiO_2 气凝胶的热导率随温度的升高会急剧增大，这就意味着要使气凝胶材料在高温环境中发挥较好的隔热效果，需要降低其辐射热导率。纳米碳纤维（CNFs）有着优异的物理性能、力学性能和化学性能，是作为气凝胶遮光剂的理想材料。本书通过纳米碳纤维联合聚合物改性法，在常压干燥条件下制备了 CNFs 掺杂 SiO_2 气凝胶和 CNFs/PMMA 改性 SiO_2 气凝胶，并对其微观形貌、孔结构和红外透过率进行了表征和分析。同时，本书根据分形理论利用 Frenkel-Halsey-Hill 方程综合分析了表面活性剂对 CNFs 的分散效果和对气凝胶表面粗糙度的影响规律，最终择优选取了十二烷基硫酸钠作为 CNFs 分散剂，有效解决了 CNFs 在凝胶中的团聚问题。CNFs 的掺入不仅提高了气凝胶强度，还起到了一定的遮光作用，在一定程度上阻隔电磁波向单一方向传播，从而削弱了红外辐射能量。与纯 SiO_2 气凝胶相比，CNFs 掺杂气凝胶在波长 3~8 μm 范围内的红外透过率随着 CNFs 掺量的增加呈明显降低趋势。CNFs/PMMA 改性 SiO_2 气凝胶的红外透过率与纯 SiO_2 气凝胶相比，也有显著降低。

构造及保持高孔隙率的三维网状结构是制备 SiO_2 气凝胶材料的关键，因

为这种结构为 SiO_2 气凝胶提供了诸多优异特性。但通常，对气凝胶的增强改性都不可避免的会增大其体积密度，降低其比表面积和孔隙率。为了在增强气凝胶力学性能和保留其低密度高孔隙率特性之间达到平衡，本书提出了利用热致相分离法制备聚合物增强改性 SiO_2 气凝胶的方法，并成功制备了性能优异的 PMMA 改性 SiO_2 气凝胶和 EVOH 改性 SiO_2 气凝胶。研究结果表明，采用此方法制备的 PMMA 改性气凝胶密度小于 0.180 g/cm^3，孔隙率均高于 90%，热稳定性可以保持到 280 ℃，常温下的热导率最大为 28.61 mW/(m・K)，抗压强度和弹性模量最高可达 11.15 MPa 和 5.05 MPa，抗弯强度和弯曲模量与未改性气凝胶相比均增加了 1.2 倍。EVOH 改性 SiO_2 气凝胶的体积密度最大约 0.202 g/cm^3，孔隙率可以保持在 86.8% 以上，抗压强度和弹性模量最高可达 18.37 MPa 和 10.07 MPa，比未改性气凝胶分别提高了 23.8 倍和 4.7 倍，抗弯强度和弯曲模量最高可达 0.54 MPa 和 17.34 MPa，与未改性气凝胶相比也分别增加了 4.5 和 2.1 倍。热重结果显示，EVOH 改性气凝胶的热稳定性可以保持到 350 ℃，比热致相分离法制备的 PMMA 改性气凝胶的热稳定温度提高了 70° 。利用瞬态平面热源法测得 EVOH 改性气凝胶在室温下的热导率最大为 31.56 mW/(m・K)。对比热致相分离法制备的聚合物改性气凝胶与化学交联法制备的聚合物改性气凝胶可以发现，热致相分离法制备的聚合物改性气凝胶可以在增强力学性能的同时，最大程度保留气凝胶的高孔隙率和低密度的特性，并且整个制备过程无需引发化学反应，不会产生有毒性或污染环境的副产物，仅利用降温来诱发聚合物溶液相分离，使聚合物沉积于骨架粒子表面及粒子间连接部位，实现对气凝胶骨架的加固和增强，通过热致相分离法制备的改性 SiO_2 气凝胶材料在保温隔热领域具有更广阔的前景。

本书对聚合物改性二氧化硅气凝胶的制备工艺及性能展开了全面研究，探究了溶液浸泡聚合物改性法和纳米碳纤维联合聚合物改性法对 SiO_2 气凝胶的力学性能和高温绝热特性的增强改性效果。创新性地提出了热致相分离法制备聚合物改性 SiO_2 气凝胶的新工艺，成功制备了兼具优良力学性能和低密度高孔隙率三维网状结构的 SiO_2 气凝胶，为克服 SiO_2 气凝胶材料在力学性能上的缺陷提供了新的研究思路和方法，为从事相关领域研究的科研工作者提供参考。

马海楠　王宝民

2022年9月

主要符号表

符 号	代表意义	单 位
T_C	超临界温度	℃
P_C	超临界压力	MPa
ρ_{bulk}	体积密度	g/cm^3
S_{BET}	比表面积	m^2/g
D_{pore}	平均孔直径	nm
V_{total}	总孔体积	cm^3/g
P	荷载	kN/m^2
v	泊松比	—
E	杨氏模量	MPa
c	浓度	g/L
A	吸光度	—
l	光路长度	cm
T	透射比	—
P_0	饱和蒸汽压	Pa
D_s	表面分形维数	—
S	线性收缩率	%
ε	孔隙率	%
L	跨度	mm
γ	样品直径	mm

目 录

1　绪论

1.1　气凝胶概述

气凝胶是一种具有三维网络状结构并以空气为分散介质的多孔固体材料，其体积密度可低至 0.03 g/cm^3，半透明，未经改性的纯 SiO_2 气凝胶常呈淡蓝色。图 1-1 所示为纯 SiO_2 气凝胶和聚合物改性 SiO_2 气凝胶样品及电镜下观察到的纯 SiO_2 气凝胶微观形貌和骨架结构示意图。由于气凝胶的骨架结构和孔结构均为纳米级，使得气凝胶具有高孔隙率（~ 99%）、高比表面积（800~1 200 m^2/g）、低体积密度（0.03~0.035 g/cm^3）[1,2]、低热导率（0.004~0.03 W/(m · K)）[3,4]、低介电常数（1.1~2.2）[5–9]、低折射率（~1.05）[10] 和低材料声速（~100 m/s）[11–13] 等特性，故而在热学[14–18]、光学[19]、电学[14,20]、航空航天[21,22]、化工催化[23–29]、生物医药[30–32]及建筑环境[33–35]等领域都表现出广阔的应用前景。

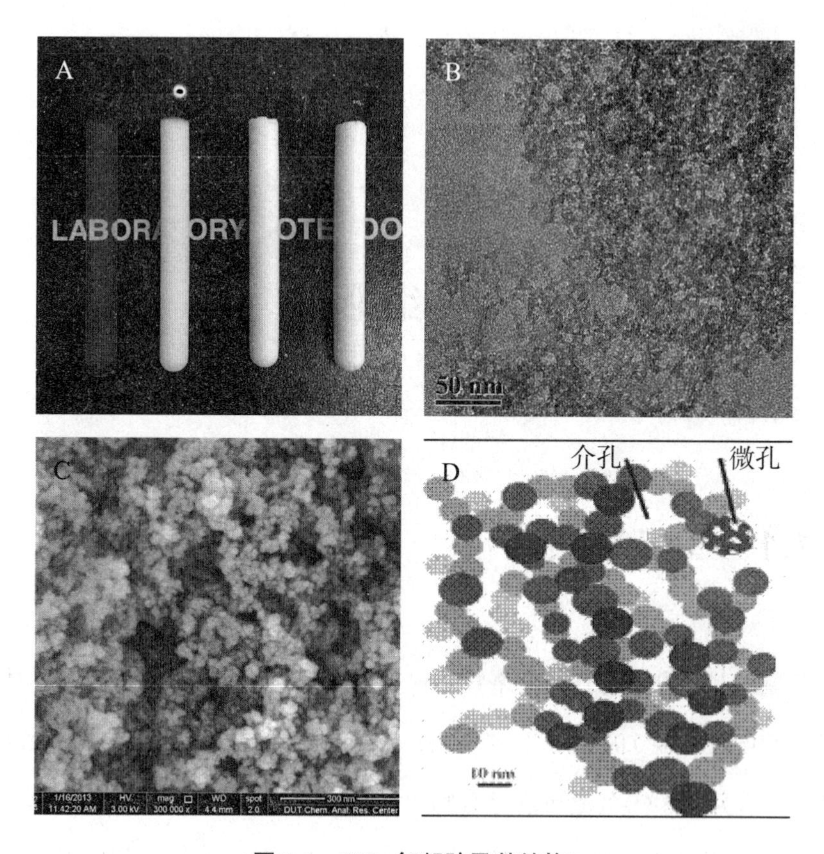

图 1-1　SiO_2 气凝胶及其结构

A：SiO_2 气凝胶和聚合物改性气凝胶；B：SiO_2 气凝胶的透射电镜照片；C：SiO_2 气凝胶的扫描电镜照片；D：SiO_2 气凝胶骨架结构示意图 [36]

气凝胶自 1931 年由美国斯坦福大学 S. S. Kistler[37] 教授首次成功制备以来，至今已有 90 余年历史。虽然气凝胶表现出了许多优异特性，但是在最初的 30 年里，由于其合成工艺复杂、制备成本高，导致相关的研究工作一直没有获得较大进展。直到 1968 年，法国里昂大学 S. J. Teichner 课题组简化了溶胶 - 凝胶过程，采用正硅酸甲酯（TMOS）替代硅酸钠作为硅源，以甲醇为溶剂，通过一步法直接制备了醇凝胶。这一制备方法无须长时间的溶剂交换，并且避免了凝胶制备过程中无机盐的生成，使气凝胶的制备工艺得到了极大的优化，从而推动了气凝胶的应用研究[38]。1974 年，SiO_2 气凝胶首次成功应用于切伦科夫粒子探测器[39,40]。1985 年，Tewari 和 Hunt[41] 提出了采用毒性更低的正硅酸乙酯（TEOS）代替 TMOS 作为前驱体制备 SiO_2 气凝胶，并发现了二氧化碳的临界温度接近于室温并且不存在爆炸危险，可以替代乙醇作为超临界干燥的干燥介质。L. Hrubesh 等[42] 制备出密度仅为 3 kg/m^3 的 SiO_2 气凝胶（当时世界上密度最低的固体材料），随后又提出了酸碱两步催化制备 SiO_2 气凝胶的方法，得到的 SiO_2 气凝胶孔尺寸更小、孔径分布更集中，光学透明度更好，并且制备效率明显提高。Prakash 和 Smith[43,44] 在常压干燥条件下利用溶剂交换和表面改性成功制备了疏水性 SiO_2 气凝胶，Einarsured 等[45] 利用 TEOS 的乙醇溶液对凝胶进行老化处理，以增强凝胶的骨架结构，并在 20~180 ℃下常压干燥得到气凝胶。常压干燥工艺的利用极大地降低了气凝胶材料的制备成本，为其大规模产业化生产奠定了坚实基础。

20 世纪 90 年代以来，溶胶 - 凝胶工艺的不断发展快速推动了纳米材料合成工艺的成熟，气凝胶领域的相关研究更为活跃，特别是在气凝胶改性与应用方面的研究取得了较大进展，图 1-2 所列为 2006 年至 2017 年以气凝胶为关键词的科研论文数量，可以看出，截至 2017 年 9 月，关于气凝胶材料的研究论文发表数量每年都在增长，这说明气凝胶材料依然是现今的科研热点。随着材料科学的不断发展，气凝胶材在更多的领域展现出应用价值。

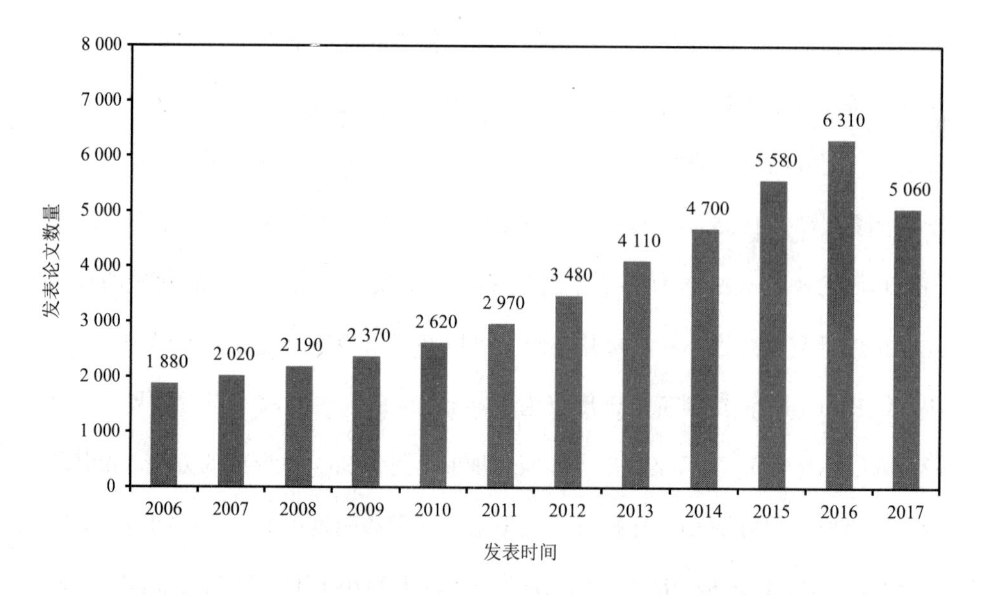

图 1-2　2006—2017 年已发表的气凝胶相关论文的数量

1.2　SiO_2 气凝胶的特性及应用

气凝胶作为一种高孔隙率的非晶固体材料，以其独特的纳米孔结构和优异的性能在材料与科学领域备受关注。因具有高孔隙率、高比表面积、结构可调和优异的表面性能，气凝胶在航空航天、化工催化、建筑节能、生命科学及电学等多个领域都有着广泛的应用，如图 1-3 所示。

近年来，随着材料科学的不断发展，SiO_2 气凝胶作为第一代气凝胶材料，其制备工艺更加成熟，制备成本进一步降低，干燥工艺进一步得到简化，危险性得到有效控制，对 SiO_2 气凝胶的特性和应用的研究工作层出不穷，并且取得了突破性进展，表 1-1 列举了部分 SiO_2 气凝胶的特性及在相应领域中的应用。

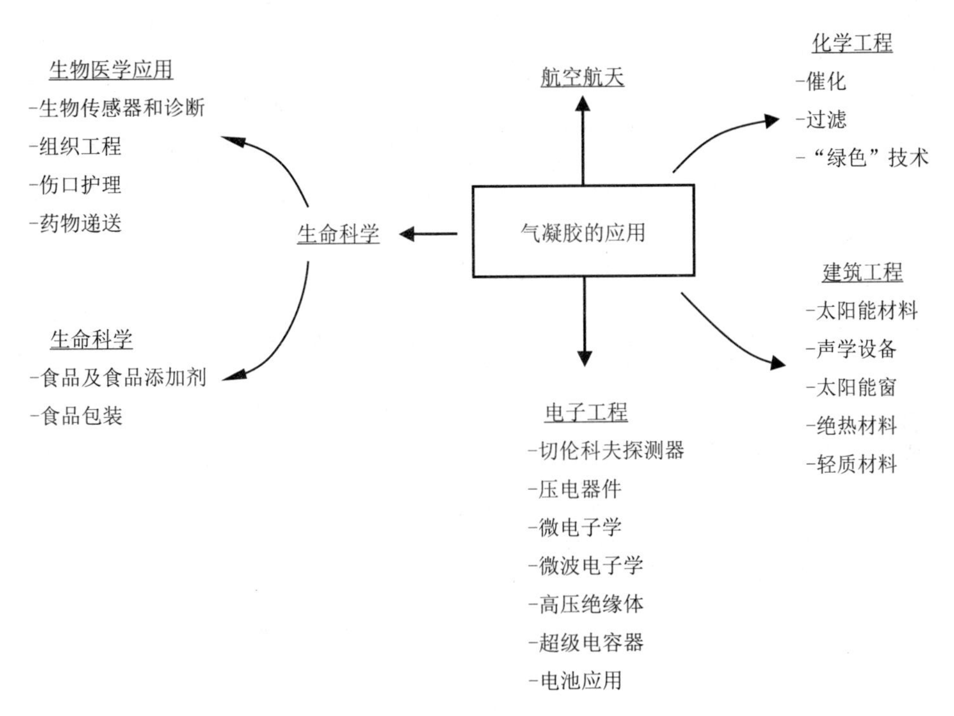

图 1-3 气凝胶的应用 [30]

表 1-1 SiO_2 气凝胶的特性及应用

气凝胶种类	性能	应用	文献
二氧化硅气凝胶（薄膜）	厚度：1~100 μm	电极、电池电容器	[46]
二氧化硅气凝胶（薄膜）	厚度：10 μm	微电子学	[47]
二氧化硅气凝胶（薄膜）	厚度：1~100 μm	微电子学 高压绝缘体	[48]
二氧化硅气凝胶	密度：2.2 g/cm3	切伦科夫探测器	[49]
二氧化硅气凝胶	热膨胀系数： 4×10^{-6} K^{-1}	切伦科夫探测器	[50]
二氧化硅气凝胶	密度：0.03 ~ 0.3 g/cm^3	切伦科夫探测器	[51]
二氧化硅气凝胶	典型尺寸：10 ~ 100 nm	切伦科夫探测器	[52]
二氧化硅气凝胶	密度：0.141 g/cm^3 孔隙率：93.7%	太阳能窗	[53,54]

续表

气凝胶种类	性能	应用	文献
二氧化硅气凝胶	热导率： 0.012 ~ 0.020 W/(m · K)	超级绝热体（材料）	[53]
二氧化硅气凝胶	密度：0.08 ~ 0.2 g/cm^3 热导率：0.014 W/(m · K)	超级绝热体（材料）	[55]
二氧化硅气凝胶	密度：0.07 ~ 0.42 g/cm^3	声学设备	[56,57]
二氧化硅气凝胶	密度：0.23 g/cm^3 孔隙率：84% 比表面积：619 m^2/g（由50mol% BTMSPA 制备的气凝胶）	航空航天应用	[22]
二氧化硅气凝胶	密度：0.005 g/cm^3 表面积：450 m^2/g	绿色技术	[58,59]
大孔二氧化硅气凝胶	密度：400 kg/m^3 直径：47 mm 厚度：1 mm	生物传感器和诊断	[60]
二氧化硅气凝胶，表面功能化气凝胶，复合气凝胶		药物递送应用	[61]

1.2.1 SiO_2气凝胶在保温防火领域的应用

SiO_2 气凝胶是一种典型的多孔绝热材料，具有较高的孔隙率（约 99.8%）、纳米尺度的孔径和比室温空气更低的热导率（0.0131~0.0136 W/(m · K)）等特性，所以气凝胶常被称为超级隔热材料，在国防军工、航天飞机、建筑节能、工业管道及装备的保温隔热领域具有广阔的应用前景 [62]。

热量在固体材料中的传递可通过三种方式：传导、对流和辐射。SiO_2 气凝胶的固相含量较低，仅为 1%~10%，固相导热路径无限长，因此具有较低的固相热导率 [1]；二次粒子随机堆积形成的曲折长链互相交联，构成三维网络状的骨架结构，气体分子填充在直径为 2~50 nm 的孔中 [63–68]，由于气凝胶的平均孔径小于空气分子的平均自由程，导致其气相热导率低 [65,67]；此外，气凝胶的纳米颗粒尺度小，限制声子传热；近似点接触，接触热阻大，以上几个因素使得 SiO_2 气凝胶具有极低的热导率。

SiO_2 在常压干燥条件下的低成本制备工艺不断成熟，极大地推动了其商业化，使 SiO_2 气凝胶可以从昂贵的国防军工和航空航天领域扩展到民用建筑。纯 SiO_2 气凝胶具有较好的透明性和保温绝热性能，逐渐成为新一代的环保节能型建筑保温材料，先后被成功用作建筑物的节能窗和屋顶。Kim 等 [69] 通过常压干燥技术在普通玻璃表面制备了 SiO_2 气凝胶薄膜，并通过实验预测得出当气凝胶薄膜厚度达到 100 μm 时，窗玻璃具有最佳保温效果。

SiO_2 气凝胶作为一种无机材料，熔点高达 1 400 ℃，具有独特的耐火焰烧穿性能，可长时间承受火焰直接灼烧。在高温或火场中不释放有害物质，同时能有效阻隔火势的蔓延，为火场逃生提供更多宝贵时间，这些特点使 SiO_2 气凝胶与目前常用的防火材料相比更具优势。图 1-4 为 Aspen 气凝胶公司研究制备的 SiO_2 气凝胶绝热产品的耐火性能测试与应用 [70]。

(a)

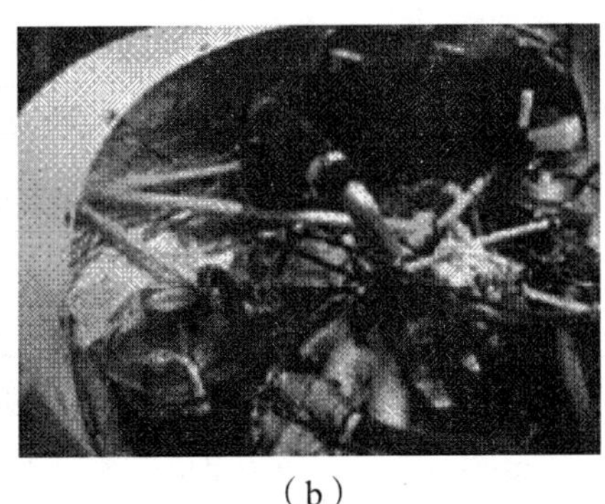

(b)

图 1-4 气凝胶产品的耐火性能测试

(a) 气凝胶防火墙的燃烧测试，图片来自 Aspen 气凝胶；(b) Pyrogel 6350 用于飞行器发动机的防火设备，图片来自 Aspen 气凝胶

1.2.2 SiO_2气凝胶在生物医药领域等应用

SiO_2 气凝胶独特的形貌和结构，如低密度、纳米孔径、高比表面积和高孔隙率等特性对控制和调整药物在气凝胶载体上的吸附和释放具有重要意义，因此，研究人员先后开展了以 SiO_2 气凝胶作为药物递送系统的相关研究。

Smirnova 等 [71-72] 对 SiO_2 气凝胶作为口服药物输送系统的可行性进行了研究，他们发现当药物吸附于亲水 SiO_2 气凝胶后，由于比表面积增大且不需要额外的能量来破坏药物晶格，所以溶解速率比药物在结晶状态下更迅速。亲水 SiO_2 气凝胶的开口孔结构使液体能够更快速地渗透进入气凝胶内部，破坏其结构，释放药物。Schwertfeger 等 [73] 先后申请了以疏水 SiO_2 气凝胶和亲水 SiO_2 气凝胶作为药物递送系统的相关专利。他们在具有呋塞米、喷布洛尔硫酸盐和甲基强的松龙药物活性的溶液中对气凝胶浸泡至吸附平衡，然后通过干燥成功制备了载药气凝胶。除此以外，Godec 等 [74] 还成功地在亲水气凝胶中引入疏水药物及在疏水气凝胶引入亲水药物。Guenther 等 [75] 研究了载药亲水气凝胶在皮肤上的应用，将吸附了蒽三酚的 SiO_2 气凝胶在人类角质层和两种不同的模拟人造皮肤细胞膜上进行了测试，并与结晶态蒽三酚的效果进行了对比，实验研究表明，蒽三酚的释放和渗透速率在非晶态 SiO_2 气凝胶载体中得到了提高。

1.2.3 SiO_2气凝胶在吸附催化领域的应用

SiO_2 气凝胶的高孔隙率、纳米级孔结构及极高的比表面积使其在吸附、催化和过滤等领域具有广阔的应用前景和较高的科研价值。气凝胶可以吸附空气中的多种废气，如 SO_2、CO、NO 和 H_2S 等，特别是消除空气中的挥发性有机化合物，起到净化空气的作用。

Rao 等 [76] 研究了疏水弹性气凝胶的合成及其对有机物和油类的吸附性能，分别采用了 11 种不同的有机物和 3 种油类分析测试了 SiO_2 气凝胶的吸附和脱附能力，图 1-5 为 SiO_2 气凝胶对有机物液体在不同吸附和脱附阶段的状态。通过吸附进入气凝胶孔洞中的液体的质量可以通过下式进行计算：

$$2\pi r\gamma\cos\theta = mg \tag{1.1}$$

当液体可以将表面完全润湿时，接触角 θ 为 0，此时以上公式可以表示为

$$2\pi r\gamma = mg \tag{1.2}$$

或

$$\gamma = kV\rho \tag{1.3}$$

其中，r 为孔直径；v 为吸附的液体体积；k 为与气凝胶有关的常数，$k = g/2\pi r$。随着吸附液体质量的增加，液体表面张力呈线性增长，弹性疏水 MTMS 气凝胶因此被认为是有效吸附有机物和油类的气凝胶 [77]。

(a) 吸附前

(b) 刚刚吸附

(c) 吸附后 20 分钟

(d) 吸附后 30 分钟

(e) 脱附后 40 分钟

图 1-5 SiO_2 气凝胶对有机物液体的不同吸附和脱附阶段 [76]

通过溶胶 - 凝胶法和超临界干燥制备气凝胶催化剂，其活性组分的含量可以大大提高，而且活性组分可以非常均匀地分散于气凝胶载体之中，同时这种催化剂体系还具有优良的热稳定性和高比表面积，催化活性、选择性和寿命均可以得到大幅提高，其应用前景十分广阔。Pajonk[78] 总结了一些以气凝胶为催化剂的反应，这些催化剂一般是以 SiO_2 和 Al_2O_3 气凝胶为载体的过渡金属氧化物或几种过渡金属的混合气凝胶，它们具有较高的反应活性且能在反应中保持较长时间。目前，气凝胶催化剂在脱水反应、加氢和脱氢反应、甲烷和甲醇的合成、硝基化反应、异构化反应、燃烧反应及 NO_x 的转化等反应中已有应用。

1.2.4 SiO_2气凝胶在声学领域的应用

由于气凝胶结构的多孔特性，可以有效地减弱气态分子的运动，使声音在气凝胶内部的传播比在空气中的传播速度慢很多，因此可以作为一种理想的隔声材料。声波的能量逐渐由孔隙内的气体传递到气凝胶的骨架，当气态分子进入 SiO_2 气凝胶内部时，其能量会通过克努森效应进行转化，使声波在传播过程中被削弱 [11,79]。Pierre 等 [129] 认为 SiO_2 气凝胶可以作为性能优异的声阻隔材料。Forest 等 [11] 研究了声波在 SiO_2 气凝胶中的传播和削弱原理，认为声波在气凝胶中的传播依靠孔隙中的气体种类和压力，气凝胶的密度和形貌会影响声波的传播。Gross 等 [57] 测试了声波在不同密度 SiO_2 气凝胶中的传播速率，当 SiO_2 气凝胶的密度从 0.5 g/cm^3 降低 0.05 g/cm^3 时，声波的速率也从 1 000 m/s 降至 80 m/s。Siamak 等 [79] 通过利用 SiO_2 气凝胶对纯棉无纺毡进行涂层，制备了气凝胶复合吸声材料，可有效吸收频率为 250~2 500 Hz 的声波。

1.2.5 SiO_2气凝胶在其他领域的应用

Hupp 等 [81] 将 SiO_2 气凝胶薄膜应用于染料敏化太阳能电池中，首先在导电玻璃基板上制备了高比表面积的介孔 SiO_2 气凝胶薄膜，然后通过原子层沉积在气凝胶模板上涂覆了不同厚度的 ZnO_2 亚纳米涂层，最后将复合薄膜应用于染料敏化太阳能电池的光电二极管中。

在空间科学研究领域中，气凝胶可以用来捕捉太空中的高速粒子，因高速粒子很容易穿入多孔材料并逐渐减速，实现“软着陆”，同时，气凝胶的光学透明特性有助于寻找尺寸在 0.1~100 μm 的粒子，同用于捕捉粒子的有机物相比，气凝胶具有较高的辐射稳定性和更大的可操作温度范围，因此，SiO_2 气凝胶可以作为减速介质 [82-83]。

SiO_2 气凝胶化学性质稳定，对人体无毒无害，因此可以在食品行业中用于食品包装与储存，同时还可以用于农业中的粮食储存。Golob[86] 提出农业上用精细 SiO_2 气凝胶粉末来储存保护谷物，由于气凝胶粉末具有较小的粒径和巨大的比表面积，因此可以吸附昆虫的类脂层，使虫体有机物失去液体而死掉，避免谷物遭受虫体侵害。

1.3 SiO_2 气凝胶的制备

气凝胶的制备工艺一般分为三个步骤：凝胶制备、凝胶老化和凝胶干燥。凝胶的制备一般采用溶胶 - 凝胶法，在催化剂的作用下对硅源进行水解和缩聚反应制备凝胶。根据凝胶中溶液种类的不同，可以将凝胶分为水凝胶和醇凝胶。凝胶制备完成后需要对其进行老化处理，虽然凝胶已经形成，但是化学反应并未结束，通过老化处理的凝胶，固体骨架结构得到增强，干燥后能够表现出更好的力学性能，并且在干燥的过程中体积收缩明显减小。老化结束后，需要通过干燥将凝胶中的溶液除去，得到以空气为分散介质的气凝胶，常用的干燥工艺包括常压干燥、冷冻干燥和超临界干燥等。不同的干燥工艺得到的气凝胶结构性能有所差别。其中超临界干燥工艺能够最大限度地保留气凝胶的高孔隙率和低密度的特性，但是其操作复杂、成本高、危险性大。常压干燥工艺往往需要对凝胶骨架进行增强和疏水改性，以抵抗干燥过程中的毛细管张力及避免 Si–OH 发生缩合反应。冷冻干燥虽然能够避免在干燥中出现气 - 液两相界面，但是也存在一定的缺点。为了能够得到性能优异、成本低廉的 SiO_2 气凝胶，优化制备工艺和严格控制工艺参数尤为重要。

1.3.1 溶胶–凝胶过程

溶胶 - 凝胶法是制备 SiO_2 气凝胶的常用方法，所需原料大致可以分为三类：硅源、催化剂和溶剂。SiO_2 气凝胶常用的硅源为有机硅源和无机硅原料，有机硅源主要有正硅酸甲酯、正硅酸乙酯、多聚硅氧烷及硅溶胶等 [84–90]，无机硅原料则有工业水玻璃、粉煤灰、稻壳灰及硅藻土等 [91–96]。溶胶 - 凝胶过程常用溶剂主要有水、醇类和丙酮等，催化剂有酸性催化剂（盐酸、乙酸、草酸、氢氟酸和柠檬酸等）和碱性催化剂（氨水和氢氧化钠）[97-98]。对硅凝胶的制备而言，水玻璃是最为廉价的硅源，在盐酸和水的参与下，水玻璃将发生式（1.4）中的反应，NaCl 可以利用离子交换树脂除去，生成的硅酸溶液会在碱性催化剂的作用下进一步发生缩聚反应形成具有三维网络结构的硅凝胶[99]。

$$Na_2SiO_3 + 2HCl + (x\text{-}1)\ H_2O \rightarrow SiO_2 \cdot xH_2O + 2NaCl \qquad (1.4)$$

目前，$Si(OR)_4$ 形式的烷氧基硅烷是最为常用的前驱体，如正硅酸甲酯（TMOS）和正硅酸乙酯（TEOS），其溶胶 - 凝胶过程包括水解和缩聚两个反应过程。前驱体发生水解反应，即烷氧基（Si–OR）与水反应生成 Si–OH 的过程，水解机理和反应形式根据所用催化剂为酸还是碱的不同而有所差别。目前大家比较认同的观点是酸催化下的水解反应是一种亲电子反应，H^+先进攻前驱体分子中的一个 –OR 基团使其质子化，负电性较强的阴离子进攻硅离子使前驱体水解。而加入碱性催化剂时，阴离子 OH^-直接对硅原子核进行亲核进攻，使其水解[100]。具体反应机理如图 1-6 所示。

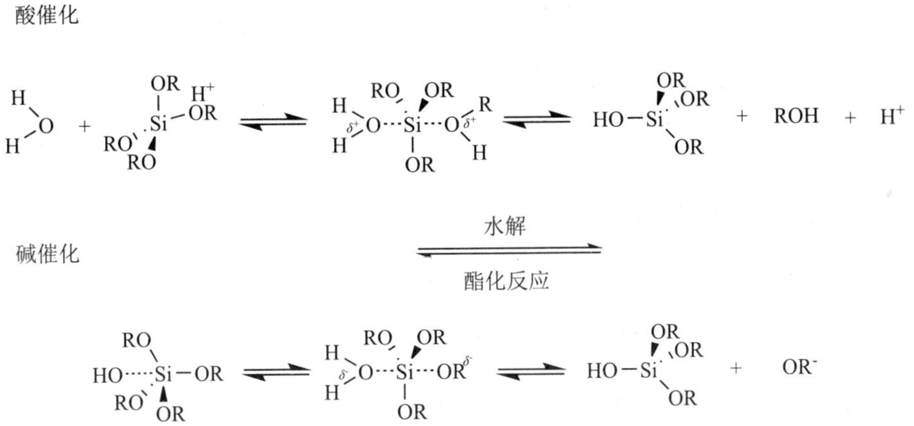

酸催化

碱催化

水解

酯化反应

图 1-6　烷氧基硅烷在酸 / 碱催化下的水解反应机理[100]

在聚合过程中，水解形成的硅醇盐在酸性催化剂的作用下很快质子化，质子化后的 Si–O 基团带正电，会吸引周围硅醇盐中的 Si–OH 或 Si–OR，吸引后发生电子云的迁移，导致脱水或脱醇聚合 [101]。水解形成的硅酸是一种弱酸，在碱性条件下脱氢后形成一种强碱，必定要对其他硅原子核发动亲核进攻，并脱水（或脱醇）聚合 [102]。图 1-7 为酸性催化和碱性催化下的聚合反应机理。

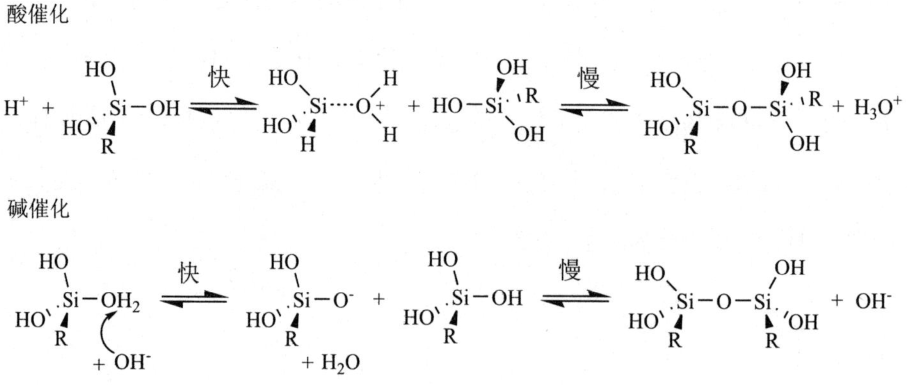

酸催化

H^+ + (HO)$_2$(R)Si–OH ⇌(快) (HO)$_2$(H)Si···OH_2^+ + HO–Si(R)(OH)$_2$ ⇌(慢) (HO)$_2$(R)Si–O–Si(R)(OH)$_2$ + H_3O^+

碱催化

(HO)$_2$(R)Si–OH_2 + OH^- ⇌(快) (HO)$_2$(R)Si–O^- + H_2O + (HO)$_2$(R)Si–OH ⇌(慢) (HO)$_2$(R)Si–O–Si(R)(OH)$_2$ + OH^-

图 1-7 烷氧基硅烷在酸 / 碱催化下的缩合反应机理 [100,103]

以烷氧基硅烷为前驱体制备硅凝胶时常采用两步法利用酸碱混合催化，避免了单一催化反应的局限性，在系统中先加入酸性催化剂，H^+会先进攻前驱体分子中的一个 –OR 基团，使其质子化，造成电子云偏移，使硅原子核的暴露空隙加大，在碱性催化剂加入以后，OH^-得以迅速对硅原子核进行亲核进攻，有利于聚合速率的提高，所以酸碱混合催化使凝胶化时间大大缩短，制备效率显著提高 [42]。

根据 Iler[104] 的研究可知，前驱体在酸碱混合催化下的溶胶 - 凝胶反应主要包括三个阶段：第一阶段前驱体水解反应后的单体发生聚合形成初级粒子；第二阶段初级粒子生长；第三阶段凝胶粒子之间相互链接形成支化链，凝胶网络在溶液中进一步交联硬化形成凝胶。在整个制备过程中，pH、反应时间、反应温度、前驱体、催化剂和溶剂的种类与浓度对凝胶骨架结构均有重要影响。

1.3.2 凝胶的老化

采用常压干燥法制备 SiO_2 气凝胶时，除了利用三甲基氯硅烷等对凝胶表面进行疏水改性外，凝胶老化也是一个行之有效的重要方法。在对 SiO_2 凝胶进行干燥之前，往往会通过多种方法对凝胶进行老化处理，主要目的是对溶胶 - 凝胶过程中形成的纤细网络骨架进行力学增强。SiO_2 凝胶的固体网络骨架由串珠状结构组成，凝胶纳米粒子之间的连接部位是整个结构中最脆弱的部位 [105-106]。通过老化可以增强湿凝胶的强度和刚度，最关键的是这种老化处理可以使气凝胶在常压干燥过程中不会因毛细管张力作用下发生结构破坏。气凝胶的老化过程主要受两种不同的反应机理影响：①粒子间连接“颈部”的增大是由于凝胶粒子在溶液中溶解并在纳米粒子间的连接部位再沉积；②较小的凝胶粒子溶解后沉积在较大的凝胶粒子表面 [107]。

目前关于凝胶老化的研究已经有相当多的报道。Haereid[108-112] 提出了利用前驱体溶液（TEOS 或 TMOS）对凝胶进行老化增强的方法，并研究了老化时间、温度和 pH 对凝胶老化过程的影响。Davis[113] 研究了不同孔溶液对老化过程的影响，以此来防止常压干燥过程中凝胶结构的破裂。Reichenauer[114] 通过在水中对凝胶进行加热老化来增强气凝胶的力学稳定性，使气凝胶在超临界干燥过程中有效地减小了体积收缩。Iswar[115] 系统性地研究了老化过程对常压干燥下制备的气凝胶物理化学性能的影响。大部分的研究工作都表明，延长老化时间和进行多次溶剂交换是气凝胶制备过程中会采用的典型方法，特别是在常压干燥条件下。

1.3.3 常用干燥方法

由凝胶转变为气凝胶的过程需要经过干燥，将凝胶孔洞中的液体除去，并且在这一过程中应尽量保持凝胶骨架结构和孔结构的完整性，避免网络骨架因为毛细管力的作用而崩塌。凝胶的干燥过程十分复杂，大致可分为 3 个不同的阶段。在第一阶段，凝胶中被液体占据的那部分体积开始收缩，即体积减小与液体蒸发平衡，液体从孔洞内部流向表面，以能量较低的固 – 液界面代替能量较高的固 – 气界面来维持整体的能量平衡，随着凝胶内液体溶剂的不断蒸发，存在于网络骨架中的液体逐渐呈弯液面 [116]。图 1-8 为凝胶内部不同尺寸孔中的弯液面，在相同压力条件下，凝胶孔中弯液面的曲率相同，所以尺寸越大的孔，其中的液体越会率先蒸发掉。至于收缩，这是由于骨架内表面上的 Si–OH 彼此发生缩合反应。随着干燥过程的进行，凝胶骨架的硬度提高，而内部的孔径尺寸逐渐减小，造成了弯液面张力增大，从而引发收缩。当表面张力不再使凝胶骨架发生变形，同时凝胶网络骨架的强度足以对抗进一步的收缩时，干燥过程进入第二阶段。在这一阶段，凝胶中的表面张力增大，使凝胶发生破裂的可能性达到了最大，液 - 气界面退到了凝胶体内部。不过，凝胶的孔内壁还残存连续纤维状的液膜，就是说，大部分的液体从凝胶表面蒸发掉了。进入干燥过程的第三个阶段，这些液膜破裂，最后只剩极少部分的液体会通过渗透作用离开骨架结构而进入气相 [117]。

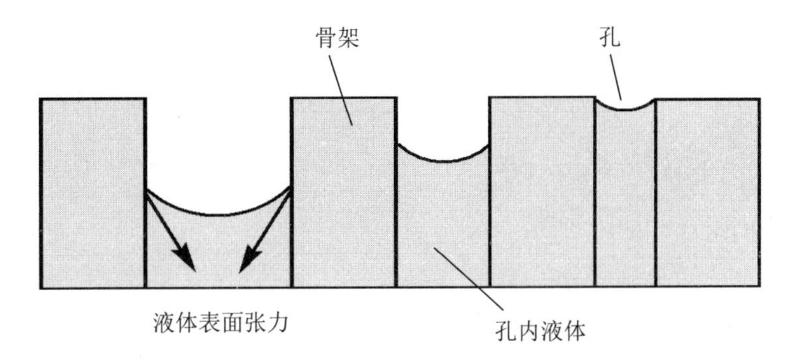

图 1-8 不同孔径尺寸的表面张力示意图

凝胶网络骨架的崩塌主要受两个过程影响：第一个是凝胶内部的骨架收缩更慢，造成整个凝胶体出现压力梯度引发破裂；第二个是干燥过程中大尺寸孔比小尺寸孔中的液体蒸发更快，换言之，如果不同尺寸的孔出现，尺寸较大的孔中弯液面下降更快，不同尺寸的孔之间的孔壁因此受到不均匀的压力而破裂[118-119]。通过对凝胶干燥时的应力分析和收缩规律分析可知，避免干燥过程中凝胶收缩或破裂主要应从两个方面入手：一是增强凝胶的骨架强度以抵抗干燥过程中产生的拉应力；二是降低溶液的表面张力或消除气 - 液界面[120–123]。目前对于凝胶干燥工艺的研究也是从这两个方面展开的，下面具体讨论几种能够降低或者消除毛细管张力的干燥工艺。

1. 常压干燥

顾名思义，常压干燥方法就是在环境压力条件下对气凝胶进行干燥的方法，由于其操作简单、成本低、危险性低，研究人员均将其视为有望替代超临界干燥工艺的有效方法。近年来，关于气凝胶常压干燥的研究与应用层出不穷，同时也进一步推动了气凝胶材料的产业化。实现气凝胶的常压干燥制备一般可以从以下几个方面入手。

（1）在常压干燥前对凝胶进行溶剂交换，利用表面张力较小的有机溶剂置换出凝胶中的乙醇和水，从而降低在干燥过程中产生的毛细管张力。几种常用溶液的表面张力如表 1-2 所示。

表 1-2　20 ℃时溶剂液体的表面张力 [124,125]

液体	表面张力 /（mN/m）
水	72.8
乙醇	22.39
正己烷	18.40
三甲基氯硅烷	17.76

（2）由于凝胶表面带有大量 Si–OH 基团，在干燥过程中彼此之间会发生缩合反应而使凝胶骨架产生不可逆收缩。对凝胶进行表面疏水改性，可以消除相邻羟基之间的缩合反应，并且疏水表面与溶液之间接触角更大，由此减小了毛细管张力 [43]。在进行表面改性时首先将凝胶孔中的水或水和乙醇的混合溶液用无水溶剂进行替换，然后将凝胶骨架表面的 Si–OH 烷基化 [126]，常用的表面改性剂包括三甲基氯硅烷、三甲基乙氧基硅烷、六甲基二硅氮烷和六甲基二硅醚等 [1]。干燥时，凝胶会产生相应的收缩，但由于凝胶骨架表面的 Si–OH 已经被活化能更低的 Si–R 基团所取代，当凝胶干燥到临界点后，其体积又慢慢回复到接近其原有的尺寸，该现象称为“回弹效应” [127]，如图 1-9 所示。

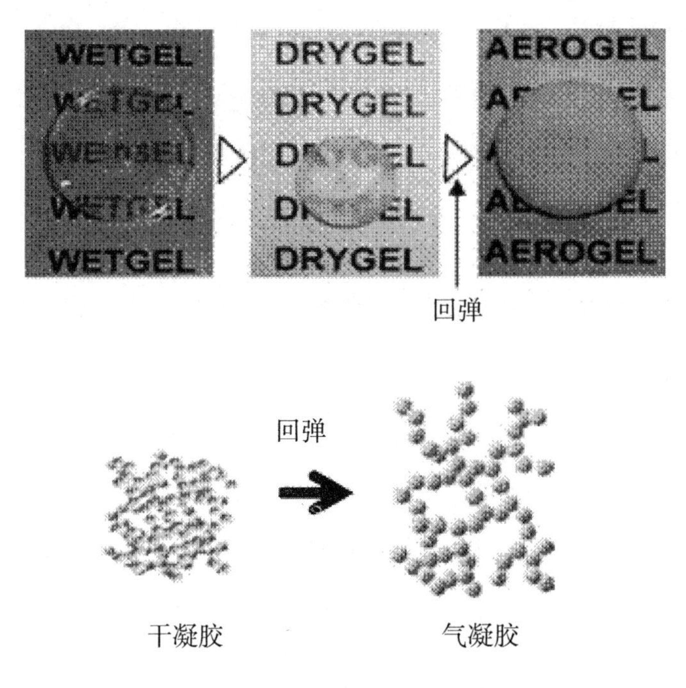

图 1-9 气凝胶的回弹效应 [1]

（3）由于干燥过程中大尺寸孔中的液体比小尺寸孔中的液体蒸发更快，在凝胶形成后，如果出现不同尺寸的孔，尺寸较大的孔中弯液面下降更快，不同尺寸的孔之间的孔壁因此受到不均匀的力而导致气凝胶破裂 [118,119]。所以在溶胶 - 凝胶过程中会加入干燥控制剂（drying control chemical additives，DCCA）来控制孔结构的均匀性，常用的干燥控制剂主要有丙三醇、甲酰胺、二甲基甲酰胺、草酸和四甲基氢氧化铵等 [120–123]。干燥控制剂的加入可以保证凝胶能够形成更为均匀的孔结构，减小常压干燥过程中毛细管张力的影响。

（4）增强凝胶固体骨架强度以抵抗干燥过程中由弯液面产生的拉力。例如：凝胶的老化。该方法的一个前提是必须控制老化条件以强化凝胶骨架，使得修饰后的凝胶能够承受原有体积 28% 的可逆收缩 [44]。Einarsrud 等 [111,128] 将湿凝胶在正硅酸乙酯的乙醇溶液中进行老化，大大提高了凝胶网络骨架的刚性和强度，使之能在常压干燥过程中抵抗毛细管张力不收缩。

2. 超临界干燥

超临界干燥是制备气凝胶的传统干燥方法。目前，国内外在制备 SiO_2 气凝胶时大多采用超临界干燥技术。在超临界状态下，气体和液体之间不再有界面存在，而是成为界于气体和液体之间的一种均匀的流体。采用这种干燥方法能够避免凝胶中液 - 气界面的产生，从而彻底消除了弯液面张力对凝胶骨架的影响，使凝胶在干燥的过程中能够保持完整的网络骨架结构，不致收缩，避免孔壁崩塌。干燥完成后，全部流体从凝胶中排出，最后得到充满气体的、具有纳米孔结构的、形状完整且无裂纹的低密度 SiO_2 气凝胶。超临界干燥的实验装置如图 1-10 所示。

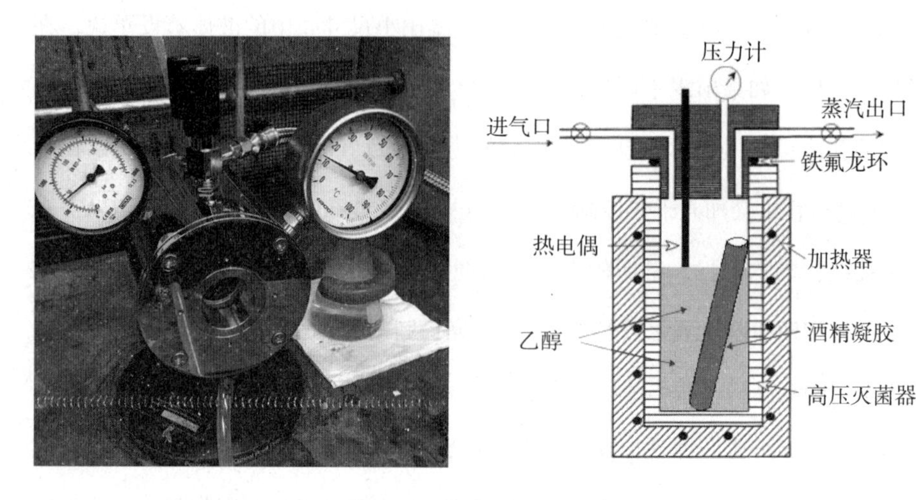

图 1-10　超临界干燥设备

在超临界干燥的过程当中，要在封闭的样品仓中对凝胶和干燥介质进行加热，使压力和温度达到临界值，如何选择干燥介质至关重要，表 1-3 为几种常见干燥介质的临界温度和压强。不同的干燥介质具有不同的特点。其中，醇类（甲醇及乙醇）和 CO_2 是较为常用的干燥介质。从表中数据可以看出，乙醇和甲醇的临界温度均较高，所以采用醇作为干燥介质的过程我们也常称之为高温超临界干燥。采用液态 CO_2 作为超临界干燥的介质所要求的温度和压力较低，临界温度趋近于室温，故干燥过程也称为低温超临界干燥。采用醇类作为干燥介质，在超临界干燥的过程中，随着温度和压力的升高会对凝胶产生一种不良的老化过程，影响气凝胶的网络骨架结构和比表面积。最终得到的气凝胶材料具有疏水性，因为气凝胶骨架表面被烷氧基覆盖，这是由于在干燥过程中，凝胶表面的硅羟基与醇类发生了反应 [129]。但醇类的临界温度和压力较高，不易操作，且易燃，所以具有一定的危险性。

表 1-3　几种常见干燥流体的超临界参数 [130]

液体	*Tc*/ ℃	*Pc* / MPa
水	374.1	22.04
二氧化碳	31.4	7.37
乙醇	243.0	6.3
丙酮	235.0	4.66
甲醇	239.4	8.09
氟利昂	19.7	2.97
一氧化二氮	36.4	7.24

由于 CO_2 的临界温度较低，趋近于室温，不可燃，操作安全，因此，国内外目前制备超轻质（≤ 0.1 g/cm^3）高孔隙率（>90%）的大块无裂纹 SiO_2 气凝胶大多采用 CO_2 作为干燥介质。利用 CO_2 进行超临界干燥时，一般会制备醇凝胶，

并利用乙醇作为溶剂，同时置于高压釜中。然后降低温度，使 CO_2 气体在进入管路中时冷却成液体，充入高压釜。充满后通过多次循环将乙醇逐渐排出高压釜，直至液体 CO_2 替换全部乙醇成为溶剂。将高压釜缓慢升温，使液体 CO_2 达到超临界状态。放置一定时间，待液体 CO_2 充分浸泡醇凝胶之后，缓慢释放出 CO_2，当釜内压力降至环境压力时，打开高压釜，取出样品。在醇凝胶与液态 CO_2 接触的过程中，凝胶孔隙中的乙醇逐渐溶于 CO_2，最后形成以 CO_2 为主的单一溶液体系，待液相全部排出后，气凝胶的纳米孔中充满了气体，因此纳米孔结构得以保持完好。

3. 冷冻干燥

另一个能够避免在干燥中出现气 - 液两相界面的方式是冷冻干燥。严格来讲，冷冻干燥也是常压干燥的一种，它是将内含水或溶液的物料先冷却至其共晶点或玻璃态转化温度以下，使物料中的大部分水或溶液冻结成冰，其余的水和物料成分形成非晶态。然后在真空条件下，使物料中的冰升华，实现升华干燥（第一次干燥），随后，在真空条件下对物料进行升温，以除去吸附水，实现解吸干燥（第二次干燥）。

目前，常用的冷冻干燥设备为真空冷冻干燥机，它主要由冷冻干燥室、制冷系统和真空装置三部组成。凝胶在干燥室中迅速冻结，孔洞中的液体在真空作用下升华脱出，然后在冷的表面上凝结成液态流出。然而，真空冷冻干燥存在一定的缺点：①干燥成本较高，不适宜随意选用；②操作周期长，为使凝胶骨架稳定，必须加长老化过程，而且必须选用膨胀率低且升华压强高的交换溶剂；③凝胶骨架在干燥时可能因为孔内溶剂的结晶而破坏，最终得到冰冻凝胶粉体[131-133]。

1.4 聚合物增强改性 SiO_2 气凝胶的研究进展

SiO_2 气凝胶轻质多孔，其极低的导热系数使其成为理想的超级隔热保温材料。然而，SiO_2 气凝胶力学性能较差，且需要超临界干燥这一复杂工艺，这些缺点使其实际应用范围严重缩小。SiO_2 气凝胶力学性能较差的原因主要在于其较低的密度、无序的网络结构、较小的二次粒子连接面积和密集的粒子堆积造成的密度梯度，这些使 SiO_2 气凝胶在外力的作用下极容易碎裂[134]。近年来，通过复合或交联的方法制备得到的 SiO_2 气凝胶的整体性、强度和柔韧性均得到了较大改善。

目前，聚合物改性 SiO_2 气凝胶的制备方式可以归纳为三种：①两步法，首先对湿凝胶或醇凝胶进行表面修饰，在凝胶粒子表面引入氨基、碳碳双键、环氧基或丙烯酸酯等活性基团，然后采用聚合物单体（改性剂）溶液对其浸泡，并在催化剂的作用下引发聚合交联反应，得到改聚合物性 SiO_2 气凝胶，此方法也可称为溶液浸泡聚合物改性法；②一步法，即将聚合物单体在溶胶过程中与前驱体均匀混合，凝胶后的聚合物单体均匀分布于凝胶网络之中，通过调节反应控制因素，使凝胶孔洞中的单体与凝胶骨架的活性基团发生交联反应，生成聚合物交联改性 SiO_2 气凝胶[135]；③对干燥后的气凝胶进行改性。先将凝胶干燥得到气凝胶，使聚合物单体以气态形式通过扩散进入气凝胶内部，在催化剂作用下发生交联反应沉积在固体骨架表面，此方法可称为化学气相沉积聚合物改性法[22]。

图 1-11 为聚合物交联 SiO_2 气凝胶的种类。将前驱体烷氧基硅烷 $(RO)_4Si$ 和共前驱体 $(RO)_3SiX$ 共混并水解，其中 X 为氨基、碳碳双键、环氧基和丙烯酸酯

等活性基团，在催化剂的作用下使溶胶缩聚形成凝胶。此时，$(RO)_4Si$ 通过水解形成的 Si–OH 与共前驱体 $(RO)_3SiX$ 水解形成的 OH–Si–X 缩聚，将共前驱体嫁接于凝胶骨架之中，此时 SiO_2 凝胶的表面存在大量的活性官能团 X。不同的改性硅凝胶可以与不同的有机物交联，生成不同类型的聚合物交联 SiO_2 气凝胶。

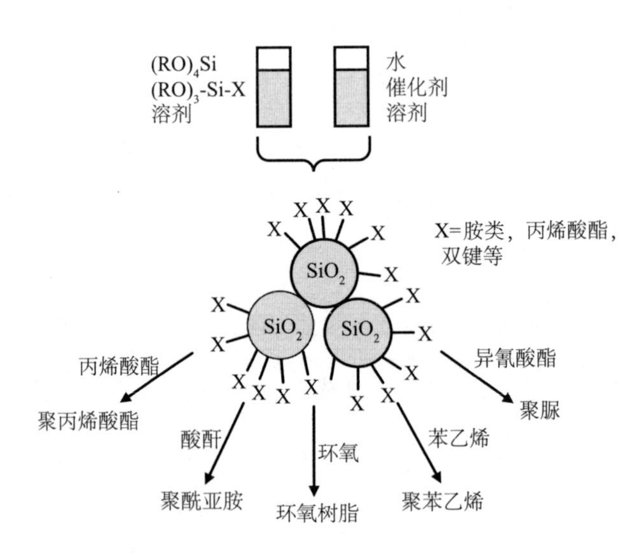

图 1-11　通过在硅粒子表面接入活性基团制备聚合物增强气凝胶 [22]

1.4.1　溶液浸泡聚合物改性法

1. 异氰酸酯交联改性 SiO_2 气凝胶

SiO_2 湿凝胶或醇凝胶的固体骨架表面存在一定量的羟基，可以与异氰酸酯反应生成聚氨基甲酸酯，基于此，Leventis 等 [136] 采用了聚六亚甲基二异氰酸酯对 TMOS 制备的醇凝胶进行了改性，通过 CO_2 超临界干燥制备了聚氨酯改性

SiO_2 气凝胶。改性后的气凝胶体积密度增加到改性前的 3 倍，强度提高到原来的 100 倍左右。随后，他们又与美国宇航局 Glenn 研究中心合作，分别采用 3 种异氰酸酯（Desmodur N3200、Desmodur N3300A 和 TDI）对 TMOS 制备的醇凝胶进行了改性，所得异氰酸酯交联改性 SiO_2 气凝胶的体积密度依然增加到改性前的 3 倍，但强度却提高了近 300 倍[137]。

除了对未改性的醇凝胶直接采用异氰酸酯进行交联改性外，Leventis 还提出了采用聚脲增强 SiO_2 气凝胶的方法。首先，将 TMOS 与 3- 氨丙基三乙氧基硅烷（APTES）作为共前驱体，经过水解和缩聚反应得到了表面氨基化的 SiO_2 凝胶，然后在催化剂的作用下引发 Desmodur N3200 与氨基之间的化学反应，经 CO_2 超临界干燥，制备了聚脲交联改性 SiO_2 气凝胶，如图 1-12 所示。改性气凝胶的体积密度最大增加到 0.48 g/cm^3，约为改性前的 3 倍，压缩实验的破坏应变为改性前的 13.5 倍，极限抗压强度可达 186 MPa，杨氏模量为 129 MPa，热导率为 0.041 W/(m · K)，热稳定性降低[138]。

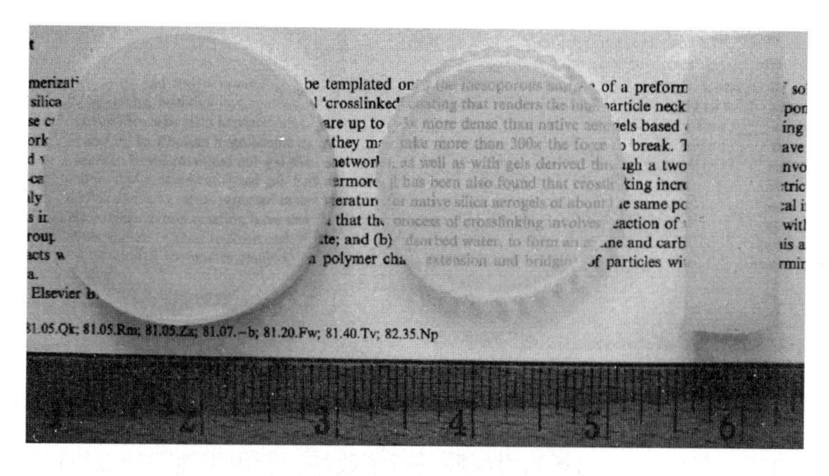

图 1-12　聚脲交联改性的 SiO_2 气凝胶[138]

杨海龙等[139,140]以TEOS和APTES为共前驱体，经水解和缩聚制备了氨基化的SiO_2凝胶，利用Desmodur N3200对其进行交联改性，经常压干燥，制备了聚脲改性SiO_2气凝胶，当体积密度为0.434 g/cm^{3}时，改性气凝胶的热导率为0.052 W/(m·K)。

2. 聚苯乙烯交联改性SiO_2气凝胶

当气凝胶材料应用于建筑保温热领域时，我们不仅需要气凝胶具有极低的热导率和良好的力学性能，还需要其具有良好的疏水性能，在潮湿的环境中可以保持其结构不被破坏，性能不会有所降低。为此，研究人员提出了采用疏水性能优异的聚合物对气凝胶材料进行增强改性。Ilhan等[141]制备了疏水性较强的聚苯乙烯改性SiO_2气凝胶。所得聚苯乙烯改性SiO_2气凝胶与水的接触角大于120 ℃，体积密度为0.41~0.77 g/m^3，比表面积降低至213~393 g/m^2，热导率为0.041 W/(m·K)。

虽然聚苯乙烯增强改性SiO_2气凝胶获得了优异的疏水性能，但气凝胶的柔性差，为改善聚苯乙烯改性SiO_2气凝胶的柔性，Nguyen等[142]在凝胶制备的过程中加入了BTMSH，并且通过在凝胶中加入乙烯基三甲氧基硅烷（VTMS）引进乙烯基，从而直接与苯乙烯反应，简化了实验步骤。

Mulik等[143]利用4，4'–偶氮双（4–氰戊酸）、氯甲酸乙酯、三乙胺和APTES合成了一种AIBN的衍生物Si–AIBN，其结构式如图1-13所示，将其与TMOS共水解和缩聚，得到了带有自由基的SiO_2凝胶，因此在引发聚合反应时，不必单独将引发剂AIBN扩散到凝胶内部，实现了凝胶表面自由基聚合。与之类似，他们还采用丙烯腈对凝胶进行了改性，但由于他们的最终目的是制备高孔隙率的 SiC，所以未对力学性能进行测试。此外，丙烯腈是在凝胶过程中加入的，实验过程也得到了简化[144]。

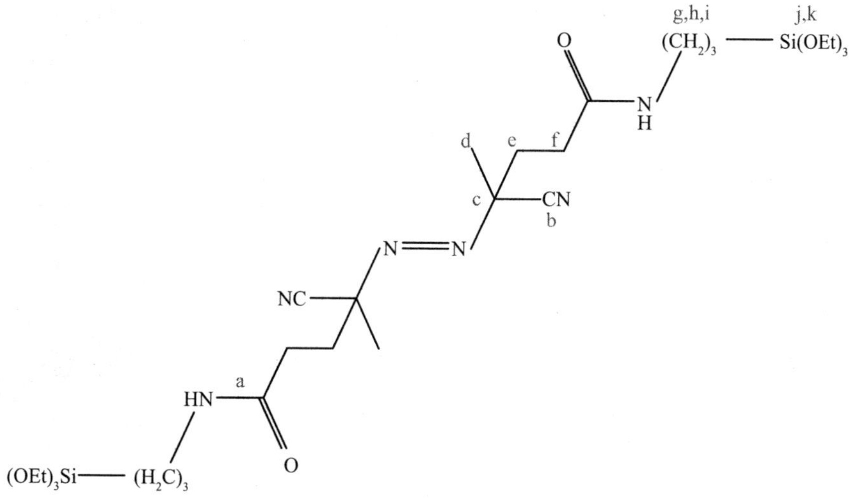

图 1-13　Si-AIBN 的结构式[143]

3. 环氧树脂改性SiO_2气凝胶

Meador 等[145]采用拥有多官能团的缩水甘油醚对氨基化凝胶进行改性，制备了环氧树脂改性 SiO_2 气凝胶。改性气凝胶的体积密度为改性前的 2~3 倍，而三点抗弯强度提高了两个数量级以上，在整个力学测试过程中，改性气凝胶一直处于弹性状态，说明环氧树脂改性气凝胶比聚氨酯或聚脲改性气凝胶的弹性更好。Randall 等[22]为了进一步提高气凝胶的柔性，分别采用 TEOS 与 4 种烷基硅烷（BTMSH、BTESE、BTESO 和 DMDES）及两种氨基硅烷（BTMSPA 或 APTES）为共前驱体制备了凝胶，然后引入环氧化合物，在超临界干燥条件下制备了环氧树脂增强弹性 SiO_2 气凝胶，制备过程及反应原理见图 1-14。

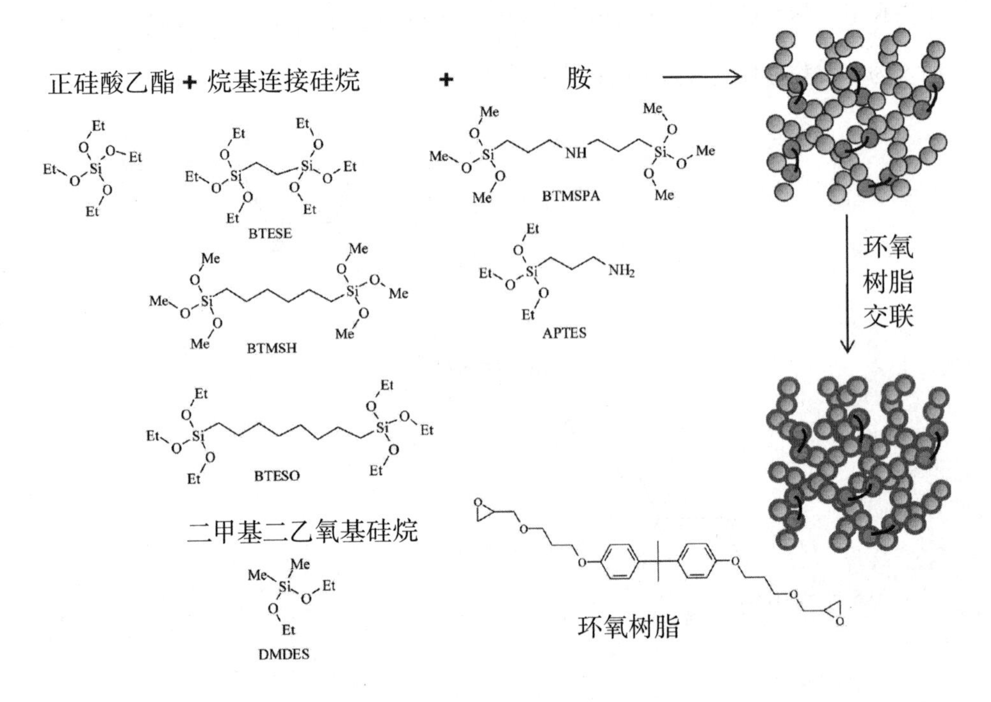

图 1-14　环氧树脂增强弹性 SiO_2 气凝胶的制备 [145]

Shao 等 [146] 采用 TEOS 和甲基三乙氧基硅烷（MTES）作为共前驱体，利用 3- 缩水甘油醚氧基丙基三甲氧基硅烷（GPTMS）的环氧开环与 MTES 提供的氨基进行交联反应，经常压干燥，制备了环氧树脂改性 SiO_2 气凝胶。经测试，改性气凝胶的弹性模量可达到 25.4 MPa，抗压强度最大为 6.17 MPa。

高舒雅等 [147] 以 TEOS 为硅源，环氧树脂为增强相，采用溶胶 – 凝胶法，经常压干燥，制备了环氧树脂增强 SiO_2 气凝胶，复合气凝胶在 600 ℃以下具有良好的稳定性。

4. 聚甲基丙烯酸甲酯改性SiO_2气凝胶

Boday 等[148]利用 TMOS 和引发剂共水解和共缩聚，随后在 CuBr、$CuBr_2$ 和 4,4'– 二壬基 –2,2'– 联吡啶组成的催化体系作用下，以甲基丙烯酸甲酯为改性剂，通过表面引发原子转移自由基聚合（SI–ATRP）的方法，实现了聚甲基丙烯酸甲酯对 SiO_2 气凝胶的改性，具体反应过程如图 1-15 所示。

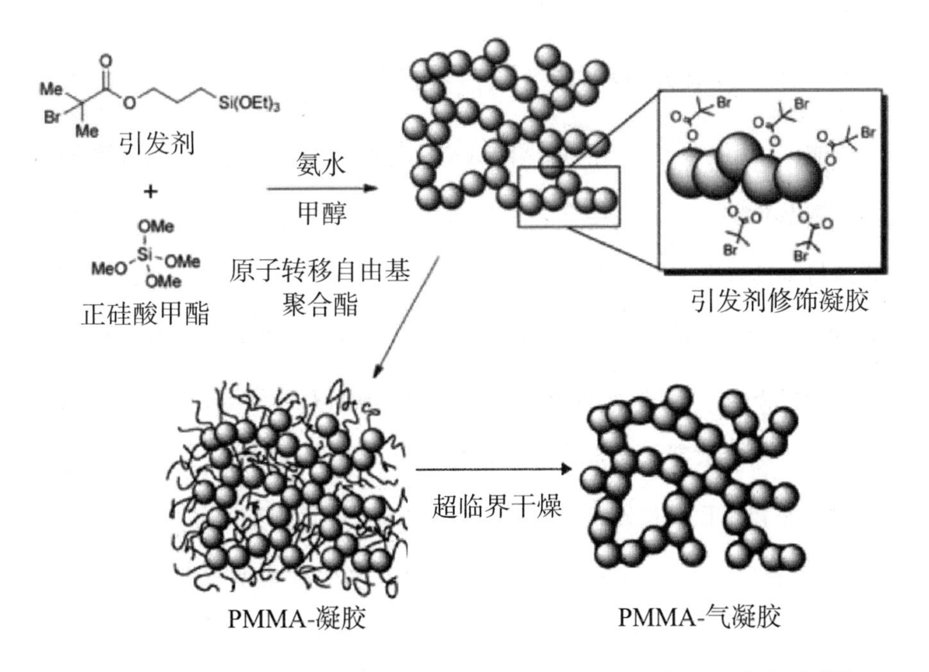

图 1-15　利用原子转移自由基聚合聚甲基丙烯酸甲酯复合 SiO_2 气凝胶[148]

1.4.2　化学气相沉积聚合物改性法

Loy 等[149]利用化学气相沉积法采用气态甲基氰基丙烯酸对干燥后的 SiO_2 气凝胶进行了改性，整个改性过程可在 24 h 内完成。典型样品的体积密度为改性前的3倍，而强度为改性前的32倍，且疏水性提高。随后，他们在凝胶中通过APTES与TMOS的共水解缩聚引入氨基，再采用六甲基二硅氮烷（HMDZ）将凝胶骨架表面的羟基取代，并除去表面残余的吸附水，超临界干燥后再采用化学气相沉积法以气态甲基氰基丙烯酸对干燥后的气凝胶进行改性，这一方法不仅使聚合物分子量大幅度增加（为前者的4倍），还与气凝胶表面的氨基形成了共价键，改性气凝胶的强度增加到前者的2.3倍[150]。

1.4.3 纳米碳纤维联合聚合物改性

目前，采用单一方法制备复合SiO_2气凝胶仍然无法同时获得优良的力学性能和隔热性能，因此，结合各种技术优点，制备更广泛用途的联合型气凝胶隔热材料具有重大研究意义，且相关研究工作也在陆续展开。Meador等[151]以正硅酸乙酯为前驱体，采用超临界干燥工艺制备了纳米碳纤维复合异氰酸酯交联改性SiO_2气凝胶（如图1-16），并利用响应曲面法分析了正硅酸乙酯浓度、异氰酸酯浓度及纳米碳纤维掺量对复合气凝胶密度、孔隙率、弹性模量、比表面积、孔直径及抗拉强度的影响。研究结果表明：当CNFs掺量为5%时，复合气凝胶的弹性模量和抗拉强度分别较纯SiO_2气凝胶增加了3倍和5倍，且CNFs的掺入对气凝胶的密度和孔隙率并未产生影响，但是，由于CNFs未经分散，在掺量较大的情况下，TEM观察可见气凝胶中有纤维团聚的现象。

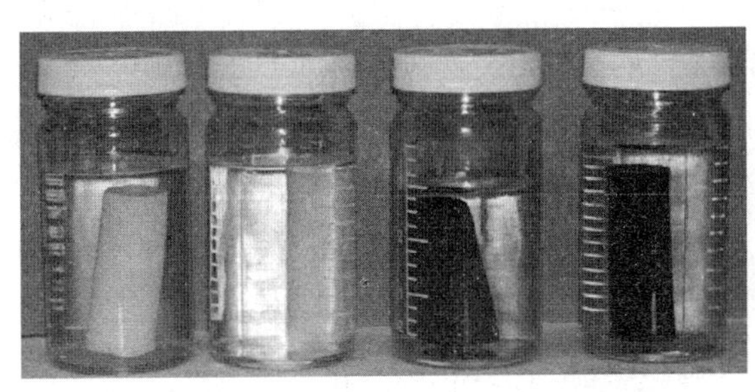
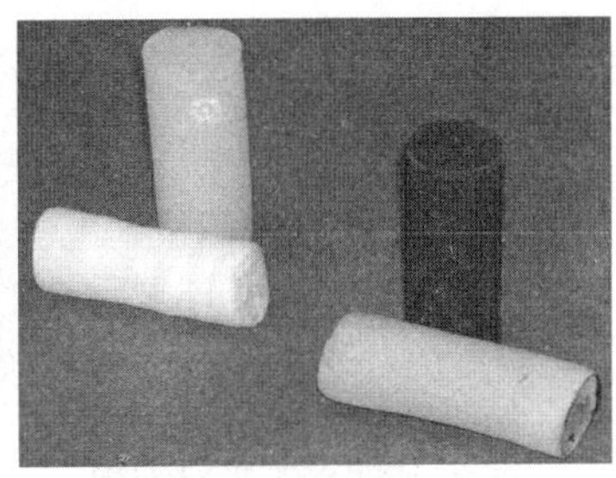

图 1-16 纳米碳纤维复合异氰酸酯交联改性 SiO_2 气凝胶 [151]

1.4.4 其他增强改性方法

Wei 等 [152] 以 TEOS 为硅源，聚乙烯吡咯烷酮（PVP）为增强相，通过一步溶胶 - 凝胶法及共聚反应，同时伴随表面改性，在常压条件下制备出 SiO_2 复合气凝胶。经过测试，该气凝胶的湿润角大于 120°，疏水效果明显，弹性模量大于 30 MPa，300 ℃时测得气凝胶的热导率为 63 mW/(m · K)。

Zhao 等 [153] 以水玻璃为硅源，采用生物聚合物果胶作为增强相，通过一步法制备了果胶杂化 SiO_2 气凝胶。作为一种生物聚合物复合气凝胶，果胶杂化 SiO_2 气凝胶的热导率仅为 12.4 mW/(m · K)，热稳定温度为 250 ℃，静态接触角大于 130°，粉尘释放率比其他常规气凝胶明显降低。

Duan 等 [154] 采用多面体笼型倍半硅氧烷（POSS）增强改性 SiO_2 气凝胶（如图 1-17），实验结果表明，90% 的 POSS 能够嫁接到硅凝胶的骨架结构表面，改性 SiO_2 气凝胶的体积密度最大仅为 0.111 g/cm^3，静态接触角由未改性的 27° 增加为 117°，抗压模量较未改性气凝胶提高 6 倍，同时，POSS 的引入增加了改性气凝胶的表面粗糙度。

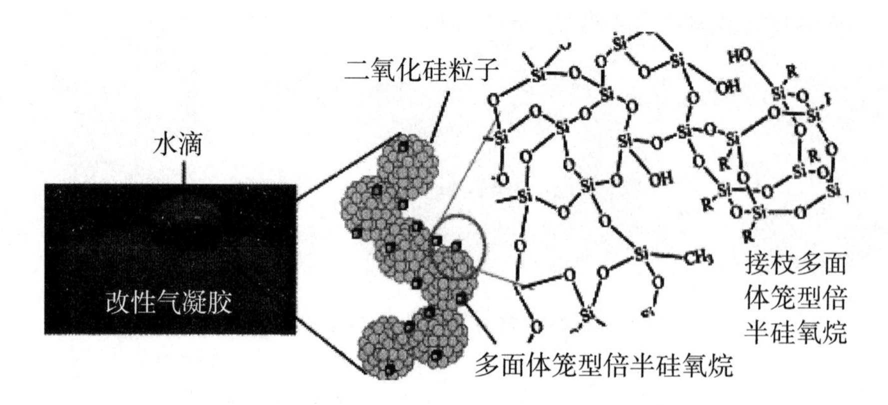

图 1-17　多面体笼型倍半硅氧烷增强改性 SiO_2 气凝胶 [154]

1.5　热致相分离法概述

热致相分离法是由美国学者 Anthony J. Castro 在 1981 年提出的一种制备多孔膜的方法 [155]。它是利用聚合物与高沸点、低分子质量的稀释剂混合后在高温下形成均相溶液，当温度降低时，溶液体系会自行发生相分离，聚合物固化定型，然后再将稀释剂萃取脱除便可得到聚合物多孔材料。这种利用温度改变驱动相分离的方法被称为热致相分离法。在利用热致相分离法制备聚合物多孔材料时，有着显著特征，即高温溶解，低温分相。随着温度的降低，聚合物溶液体系可能发生液 - 液 (L-L) 相分离或固 - 液 (S-L) 相分离，这主要取决于体系中稀释剂与聚合物的相互作用及聚合物的含量 [156]。

1.5.1 液-液相分离

在热致相分离法制备聚合物多孔材料的过程中，首先将聚合物与稀释剂共混，然后升高温度，使聚合物溶解，形成均相体系。对于聚合物 / 稀释剂体系来讲，其相溶的充要条件为

① Gibbs（ΔG_m）混合自由能小于零：

$$\Delta G_m < 0 \tag{1.5}$$

② ΔG_m 对聚合物体积分数 φ_p 的二阶导数大于零（恒温恒压）：

$$\left(\partial^2 \Delta G_m / \partial \varphi_p^2\right)_{T,P} > 0 \tag{1.6}$$

体系如果发生相分离，则上面两个条件任何一个不满足即可。ΔG_m 和聚合物体积分数 φ_p 的关系在不同的温度下会出现三类曲线，如图 1-18 所示。

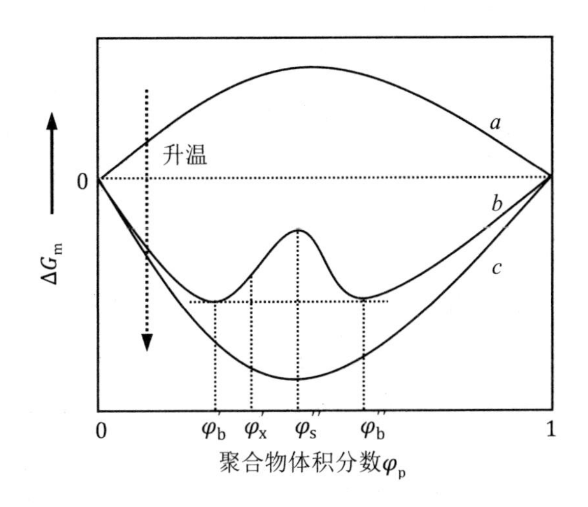

图 1-18　ΔG_m 与聚合物体积分数的函数关系曲线 [157]

其中，曲线 a 在整个组成范围内 $\Delta G_{\mathrm{m}} > 0$，表明该体系在此温度下两相不相溶。曲线 c 同时满足式 1.5 和式 1.6，表明此温度下该体系是完全互溶体系。处于曲线 a 与 c 之间的曲线 b 完全满足式 1.5，但部分区域不满足式 1.6，表示该体系为部分互溶体系。在二阶导数小于零的组成范围，两相要发生相分离以达到自由能最低的平衡态，此区域主要分布在 φ'_b 与 φ''_b 之间。而 φ'_b 与 φ''_b 之间的区域又要分成两部分，位于 φ'_s 与 φ''_s 之间的区域，体系不满足式 1.6，为不稳定态，会发生自发的相分离；位于 φ'_b 与 φ'_s 以及 φ''_s 与 φ''_b 之间，体系满足式 1.6，在较小波动下，体系相对稳定，但当波动大到足以克服发生相分离的能垒时，亦能发生相分离，所以体系在此组成范围内处于亚稳态[157]。

将图 1-19 中 b 曲线的极低点随温度变化的轨迹绘图，得到的曲线为两相共存线，即双节线（binodal），将 b 曲线的拐点随温度变化的轨迹绘图，得到的曲线为不稳极限线，即旋节线（spinodal），如图 1-19 所示，其中实线为双节线，虚线为旋节线。此体系存在上临界溶解温度 T_{C}，双节线以上区域溶液为均相体系；旋节线内的区域为不稳定区，溶液发生相分离；旋节线与双节线之间的区域为亚稳区，溶液也可发生相分离，相分离过程中所产生的多孔形貌取决于旋节分相机理与成核－生长机理[158]。在液－液相分离的过程中，相分离可能是旋节相分离或成核－生长相分离，但是到相分离后期，聚合物富相和溶剂富相之间的界面能有减小趋势，溶剂富相液滴会越来越大，如果按成核－生长机理，形成的液滴是独立的，最后溶剂除去后，形成封闭的多孔结构；如果按旋节相分离机理，形成的液滴相互连接，溶剂除去后，形成相互贯通的联通孔[159]。聚合物 / 稀释剂体系随温度变化的二元相图是研究相分离行为的重要手段，在利用热致相分离法制备聚合物多孔材料时，二元相图为材料最终微观结构的形成提供了理论依据。

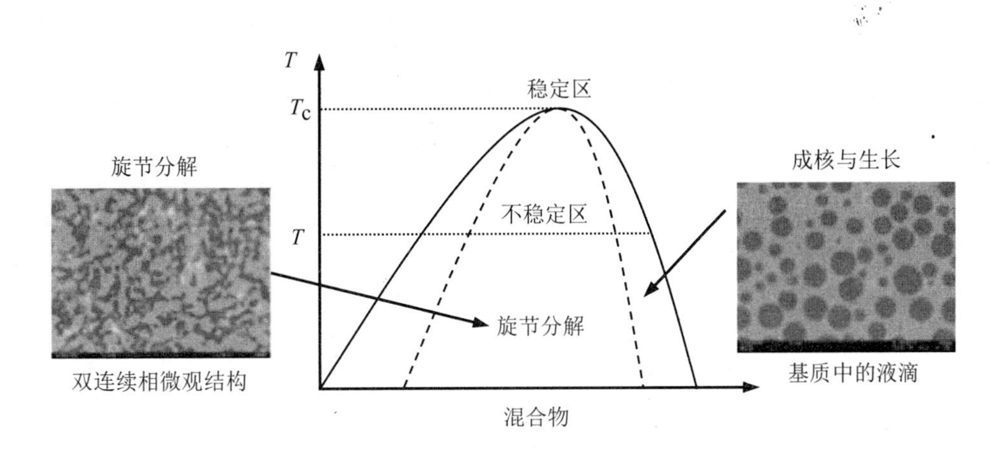

图 1-19 聚合物 / 稀释剂体系二元相图 [158]

影响聚合物 / 稀释剂二元体系平衡的另一个因素是 Flory-Huggins 相互作用参数χ，一般的聚合物 / 稀释剂二元体系 ΔG_m 可以表示为 [160]

$$\Delta G_{m} = RT\left[\frac{\varphi_{d}\ln\varphi_{d}}{\chi_{d}} + \frac{\varphi_{p}\ln\varphi_{p}}{\chi_{p}} + \chi\varphi_{d}\varphi_{p}\right] \tag{1.7}$$

其中，φ_d 和 φ_p 分别为稀释剂和聚合物的体积分数；χ_d 和 χ_p 分别为溶剂分子与聚合物链节占的晶格数。方程的右边前两项反映的是熵的贡献，总是负值，最后一项反映的是焓的贡献，可正可负，主要取决于χ 的大小。当χ 为正且稍大时，ΔG_m 为正，体系发生相分离。χ 对双节线形状和位置的影响见图 1-20，χ 越大，聚合物与稀释剂的相互作用越弱，越容易发生相分离，相分离发生的温度越高。

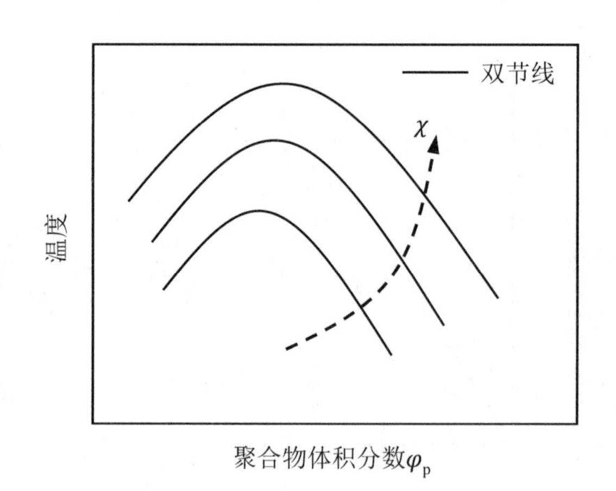

图 1-20 χ 对双节线形状和位置的影响 [160]

1.5.2 固–液相分离

对半结晶聚合物 / 稀释剂体系来说，其固 – 液相分离的实质是聚合物结晶的过程，一般采用熔点降低理论来解释 [161]，表达式如下：

$$\frac{1}{T_m} - \frac{1}{T_m^0} = \frac{RV_u}{\Delta H_u V_d}\left(\varphi_d - \chi\varphi_d^2\right) \tag{1.8}$$

其中，T_m 和 T_m^0 分别为熔融物中结晶聚合物的熔点和纯结晶聚合物的熔点；V_d 为稀释剂的摩尔体积；V_u 为熔融体系的摩尔体积，ΔH_u 是熔融体系的摩尔热焓；φ_d 是稀释剂的体积分数；χ 为聚合物与稀释剂的 Flory-Huggins 相互作用参数。式 1.8 可以转化为下式：

$$T_m = \frac{1}{\frac{RV_u}{\Delta H_u V_d}\left(\varphi_d - \chi\varphi_d^2\right) + \frac{1}{T_m^0}} \quad (1.9)$$

根据式 1.9 可以得到图 1-23 中的半结晶性聚合物 / 稀释剂体系的温度曲线相图，由图 1-21 可知，随着 χ 值的增大，固 - 液相分离发生时的温度升高。当 $\chi<0$ 时，曲线为凸起弧状；当 $\chi>0$ 时，曲线为下凹弧状；当 $\chi=0$ 时，曲线为直线。当 χ 很大时，即聚合物初始浓度较低时，曲线会趋于水平，这时体系通常发生液 - 液相分离。

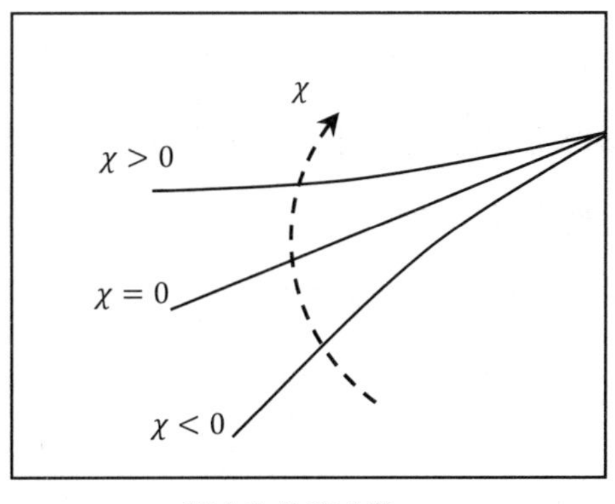

图 1-21　半结晶性聚合物 / 稀释剂体系相图 [162]

1.6 选题的意义和目的

正如上文所述，SiO_2 气凝胶作为一种轻质多孔的纳米材料，以其优异的性能，如低密度、高孔隙率、高比表面积、极低的热导率和独特的纳米孔隙结构，在保温、绝热、吸附、催化、航空航天、高能物理、医学和油污处理等领域有着极大的应用前景和应用价值。然而，纯 SiO_2 气凝胶具有吸湿性和易碎性，力学性能较差，这些缺点使其实际应用范围严重缩小。此外，在高温条件下，SiO_2 气凝胶对 3~8 μm 近红外波段内的热辐射几乎是完全透过的，辐射传热逐渐成为热传递的主要方式，热导率随温度的升高会急剧增大，其高温隔热性能有待改善。

目前，通过疏水改性使气凝胶表面嫁接疏水基团，能够实现常压干燥制备 SiO_2 气凝胶，虽然低密度、高比表面积和大孔隙率等特性能够得到保留，但力学性能较差。聚合物改性 SiO_2 气凝胶是一种提高其力学性能的有效方法。聚合物交联改性 SiO_2 气凝胶，使聚合物与凝胶表面形成共价键链接，并以薄膜的形式涂覆在凝胶骨架表面，最终形成聚合物薄膜对固体骨架的包裹或封装，从而起到对凝胶固体骨架加固和增强的作用。但此种方法会造成气凝胶材料体积密度大幅增加，比表面积大幅度减小，热稳定性下降，并且制备过程中需要进行多次溶剂交换和洗涤，消耗大量的有机溶剂，这不仅不利于环保，还使得气凝胶的制备过程繁复，制备周期延长，成本提高。因此探索聚合物改性 SiO_2 气凝胶制备的新方法和新工艺，获得综合性能优异的聚合物增强 SiO_2 气凝胶材料及环境友好的改性工艺具有重要的意义。

鉴于此，本书以聚合物增强改性 SiO_2 气凝胶为研究重点，基于分子设计理论，通过常压干燥工艺制备了力学性能优异的 PMMA 改性 SiO_2 气凝胶，并进一步复合纳米碳纤维，得到具有优良力学性能和较低红外透过率的 CNFs 掺杂 SiO_2 气凝胶和 CNFs/PMMA 改性 SiO_2 气凝胶。此外，本书还提出了热致相分离法制备聚合物改性 SiO_2 气凝胶的新工艺，为克服 SiO_2 气凝胶在力学性能上的缺陷提供了新的思路和方法。在有效提高 SiO_2 气凝胶力学性能的同时，实现保持气凝胶低体积密度、低热导率和高孔隙率等特性的目的，避免了制备过程中有机溶剂的大量消耗和污染性副产物的生成。

1.7 研究内容与技术路线

1.7.1 研究内容

本书的主要研究内容可以分为以下 6 个方面。

（1）溶液浸泡聚合物改性法制备聚甲基丙烯酸甲酯改性 SiO_2 气凝胶。以廉价的水玻璃为硅源，通过溶胶 - 凝胶法制备 SiO_2 湿凝胶，采用不同浓度的甲基丙烯酸甲酯单体（MMA）/ 乙醇混合溶液对凝胶进行改性，在常压干燥条件下得到聚甲基丙烯酸甲酯（PMMA）改性 SiO_2 气凝胶，并进一步研究不同硅烷偶联剂（TMSPM）浓度及聚合物单体浓度对改性 SiO_2 气凝胶结构和性能的影响。

（2）研究纳米碳纤维在水溶液中的分散，结合紫外 / 可见分光光度计、扫描电镜、Zeta 电位法及表面张力测试等表征手段，对比分析不同表面活性剂对纳米碳纤维在水中分散性的影响，总结出表面活性剂的最佳分散浓度，并探讨分散机理。

（3）依据上述实验结果选取分散效果良好的表面活性剂，根据分型理论，采用经典 FHH 方程定量描述表面活性剂对 SiO_2 气凝胶表面粗糙度的影响。

（4）纳米碳纤维联合聚合物改性法制备 CNFs/PMMA 改性 SiO_2 气凝胶。通过综合分析表面活性剂的分散效果及其对气凝胶结构的影响，选择最佳表面活性剂作为 CNFs 的分散剂，在常压干燥下制备 CNFs 掺杂 SiO_2 气凝胶和 CNFs/PMMA 改性 SiO_2 气凝胶，并对其微观形貌、孔结构和遮光性能进行表征和分析。

（5）热致相分离法制备 PMMA 改性 SiO_2 气凝胶。采用乙醇与水的混合溶液作为溶剂，研究 PMMA 在混合溶剂中的溶解行为及相分离机理，测试浓度范围在 0.65 wt% 到 28 wt% 之间 PMMA 溶液的浊点温度，以此为基础，根据 CO_2 的临界温度选取适宜的 PMMA 溶液浓度，制备 PMMA 改性 SiO_2 气凝胶，并进一步研究不同聚合物分子量和浓度对改性气凝胶结构及性能的影响。

（6）热致相分离法制备乙烯 - 乙烯醇共聚物（EVOH）改性 SiO_2 气凝胶。以 EVOH 为增强聚合物，异丙醇 / 水的混合溶液作为溶剂，采用 TIPS 法和超临界干燥制备 EVOH 改性 SiO_2 气凝胶。对比 TIPS 法制备的聚合物改性气凝胶与化学交联反应制备聚合物改性气凝胶的力学性能和热学性能。

1.7.2 技术路线

本书的主要研究内容包括 PMMA 改性 SiO_2 气凝胶的常压制备和性能研究；CNFs 在水溶液中的分散及表面活性剂对 SiO_2 气凝胶孔结构的影响；CNFs 掺杂 SiO_2 气凝胶和 CNFs/PMMA 改性 SiO_2 气凝胶的常压制备及性能分析；热致相分

离法制备 PMMA 改性 SiO_2 气凝胶和 EVOH 改性 SiO_2 气凝胶。具体的技术路线如图 1-22 所示。

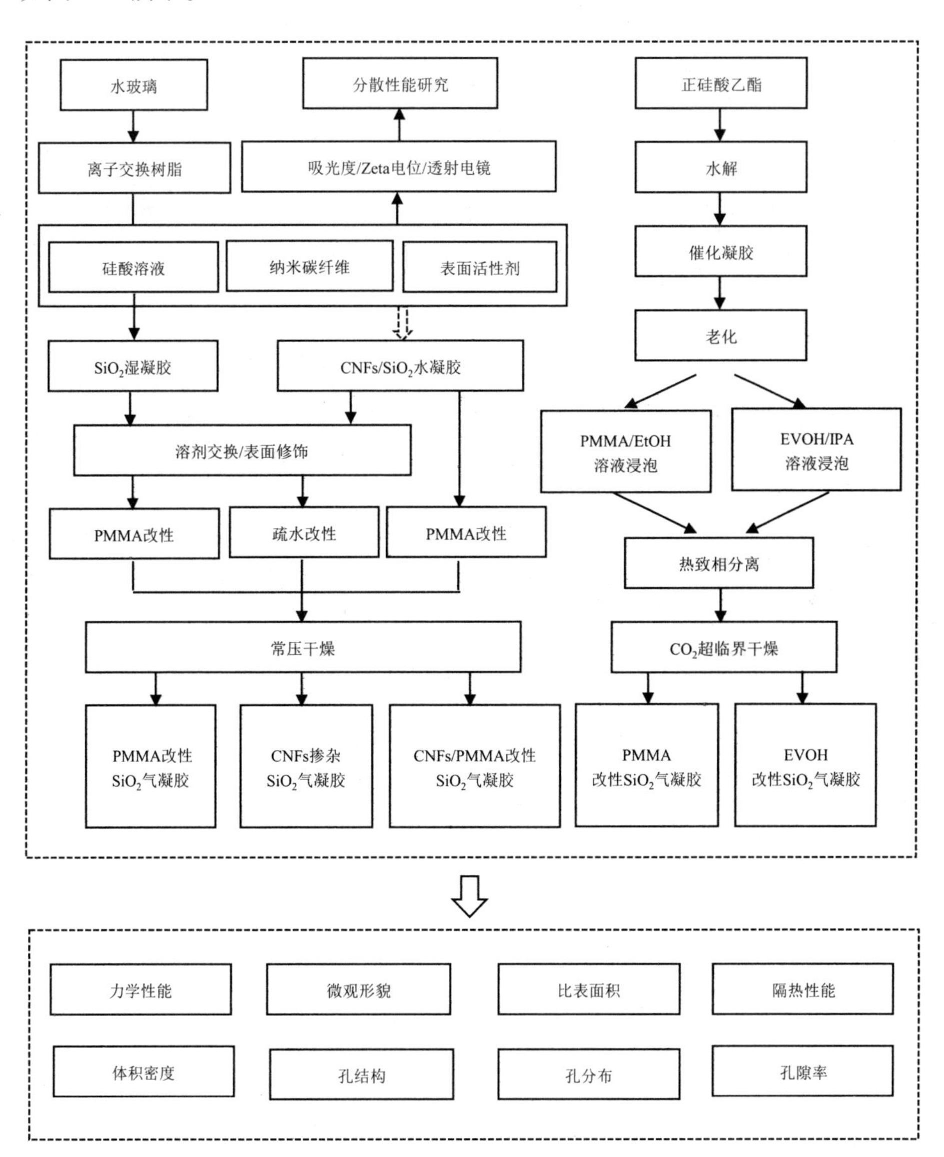

图 1-22　技术路线图

2　聚甲基丙烯酸甲酯改性 SiO_2 气凝胶的制备、结构及性能研究

2.1　引言

SiO_2 气凝胶作为一种轻质多孔的纳米材料，以其优异的性能，如低密度、高孔隙率、高比表面积、极低的热导率和独特的纳米孔隙结构[107,129,163,164]，在保温、绝热、吸附、催化、航空航天、高能物理、医学及污水处理等领域有着极大的应用前景和应用价值[132]。然而，SiO_2 气凝胶在外力作用下易被破坏，力学性能较差，且需要超临界干燥这一复杂工艺来获得完整块体材料，这些缺点使其实际应用范围严重缩小[165]。

SiO_2 气凝胶力学性能较差的原因主要在于其较低的密度、无序的网络结构、较小的二次粒子连接面积和密集的粒子堆积造成的密度梯度，使 SiO_2 气凝胶在外力作用下极容易碎裂[134]。此外，在 SiO_2 气凝胶的制备过程中采用超临界流体干燥技术，虽然能够保持气凝胶材料的完整性和优良的孔隙结构特征，但操作过程复杂，危险性大，成本高，这进一步限制了气凝胶材料的大规模工业生产

和应用。

实际上，气凝胶在以上两方面的缺点有着内在的相关性，可以采用相同的思路进行解决。增大二次粒子之间的连接面积是改善 SiO_2 气凝胶力学性能的关键。同时，如果能够将气凝胶固体骨架之间的孔隙结构最大限度地保留，那么其原有的优异性能就不至受到影响。二次粒子之间的连接面积增大，即可使 SiO_2 气凝胶在常压干燥条件下能够抵抗更大的毛细管张力而不致碎裂[166]。如此，超临界干燥工艺将能够被常压干燥工艺所取代。

通过表面疏水改性使凝胶表面被甲基等疏水基团修饰，能够在常压干燥条件下制备得到疏水性 SiO_2 气凝胶[167]。虽然低密度、高比表面积和大孔隙率能够得到保留，但气凝胶二次粒子连接部位并未得到增强，故其力学性能较差。采用聚合物交联改性的方法，使聚合物与凝胶骨架之间形成共价键，并以薄膜的形式包覆在凝胶骨架粒子的表面，最终形成聚合物薄膜对固体骨架的包裹，从而起到对凝胶固体骨架加固和增强的作用[134,137,145]。

在本章的研究中，基于溶液浸泡聚合物改性法及分子设计理论，以廉价的水玻璃为原料，通过溶胶 - 凝胶法制备了 SiO_2 凝胶，并对凝胶粒子表面以 3- 甲基丙烯酰氧丙基三甲氧基硅进行修饰，之后采用溶液浸泡法在凝胶中引入甲基丙烯酸甲酯单体，于 70 ℃恒温水浴条件下引发聚合反应，最后经常压干燥，得到了聚甲基丙烯酸甲酯改性 SiO_2 气凝胶。同时，测试了改性气凝胶的各项性能，并且深入探讨了聚合物单体浓度和硅烷偶联剂浓度对改性气凝胶结构及性能的影响。

2.2 实验部分

2.2.1 原料及设备

在本章节研究中所使用的原料及试剂如表 2-1 所示。

表 2-1 实验原料及试剂

试剂名称	分子式	规格	来源
水玻璃	Na_2SiO_3	模数 3.1	大连庆安化学品有限公司
无水乙醇	CH_3CH_2OH	分析纯	沈阳化学试剂公司
氨水	$NH_3 \cdot H_2O$	分析纯	沈阳化学试剂公司
偶氮二异丁腈	$(CH_3)_2C(CN)N{=}NC(CH_3)_2CN$	分析纯	沈阳化学试剂公司
正己烷	$CH_3(CH_2)_3CH_3$	分析纯	沈阳化学试剂公司
盐酸	HCl	分析纯	科密欧化学试剂有限公司
甲基丙烯酸甲酯	$CH_2{=}C(CH_3)COOCH_3$	分析纯	科密欧化学试剂有限公司
三甲基氯硅烷	$(CH_3)_3SiCl$	分析纯	国药集团化学试剂有限公司
3- 甲基丙烯酰氧丙基三甲氧基硅烷	$H_2C{=}C(CH_3)CO_2(CH_2)_3Si(OCH_3)_3$	98%	国药集团化学试剂有限公司
强酸性苯乙烯系阳离子交换树脂	—	—	上海汇珠树脂有限公司
去离子水	H_2O	—	实验室自制

在本章节研究中所使用的设备如表 2-2 所示。

表 2-2 实验仪器设备

仪器设备	仪器型号	生产厂家
电子天平	AL204	梅特勒 - 托利多中国公司
数显恒温水浴锅	HWS-12	上海一恒科学仪器有限公司
电热恒温真空干燥箱	DZF-6020	上海精宏试验设备有限公司
游标卡尺	S102-101-101	上海量具尺具厂
pH 计	PHS-3C	上海仪电科学仪器股份有限公司

2.2.2 SiO_2湿凝胶的制备

实验以水玻璃为前驱体，量取 10 mL 然后用去离子水以 3：1 的体积比将其稀释至 40 mL 并充分搅拌。将稀释后的水玻璃溶液滴入强酸性苯乙烯系阳离子交换树脂（交换柱直径为 5 cm，长度为 40 cm）进行离子交换，由 H^+置换水玻璃溶液中的 Na^+，收集的溶液即为硅酸溶液，经测量，硅酸溶液的 pH 约为 2.0~3.0。

采用 1.0 mol/L 的氨水作为催化剂，调节硅酸溶液的 pH 值至 5.0~5.2，搅拌 1 min 后迅速将溶液注入聚丙烯模具中，于室温下静置，待其转化为凝胶。凝胶形成后于室温下老化 24 h，随后将其从模具中取出，移入浓度为 50 vol% 的乙醇溶液中浸泡 24 h，期间每 8 h 更换一次乙醇溶液。然后再将凝胶移入无水乙醇中浸泡 24 h，每 8 h 更换一次乙醇，以交换凝胶孔隙中的水，同时进一步增强凝胶的网络结构。

2.2.3 聚甲基丙烯酸甲酯改性SiO_2气凝胶的制备

将一定量的 3- 甲基丙烯酰氧丙基三甲氧基硅烷（TMSPM）溶于乙醇中，充分搅拌，制备浓度为 12.5 vol%（5 mL）、25 vol%（10 mL）、37.5 vol%（15 mL）和 50 vol%（20 mL）的混合溶液，将溶剂交换后的 SiO_2 凝胶浸泡于 TMSPM 混合溶液中 24 h，随后在 50 ℃水浴加热条件下反应，使 TMSPM 分子的甲氧基直接与 SiO_2 粒子表面的 Si–OH 发生缩醇反应，形成 Si–O–Si 键，用乙醇清洗凝胶以除去残余 TMSPM 溶液。

甲基丙烯酸甲酯单体采用 5 wt%的氢氧化钠溶液洗涤，之后采用大量去离子水冲洗并减压蒸馏，以除去阻聚剂。将表面被 TMSPM 分子修饰的 SiO_2 凝胶浸泡于不同浓度的甲基丙烯酸甲酯单体（MMA）/ 乙醇溶液（10 vol%、20 vol%、30 vol%、40 vol% 和 50 vol%）中 24 h，使聚合物单体渗透进入凝胶孔隙。随后移入自由基引发剂偶氮二异丁腈（AIBN）/ 乙醇溶液中，浸泡 2 h 后在 70 ℃下引发聚合反应，凝胶转变为白色不透明状态。将聚合物改性后的凝胶用正己烷（n-Hexane）浸泡洗涤 3 次，每次 8 h，以除去残留试剂并交换凝胶孔隙中的乙醇。将凝胶于室温下干燥 24 h，后转入真空干燥箱中 50 ℃干燥 24 h，得到聚甲基丙烯酸甲酯（PMMA）改性 SiO_2 气凝胶。PMMA 改性气凝胶的制备过程如图 2-1 所示，具体配比如表 2-3 所示。

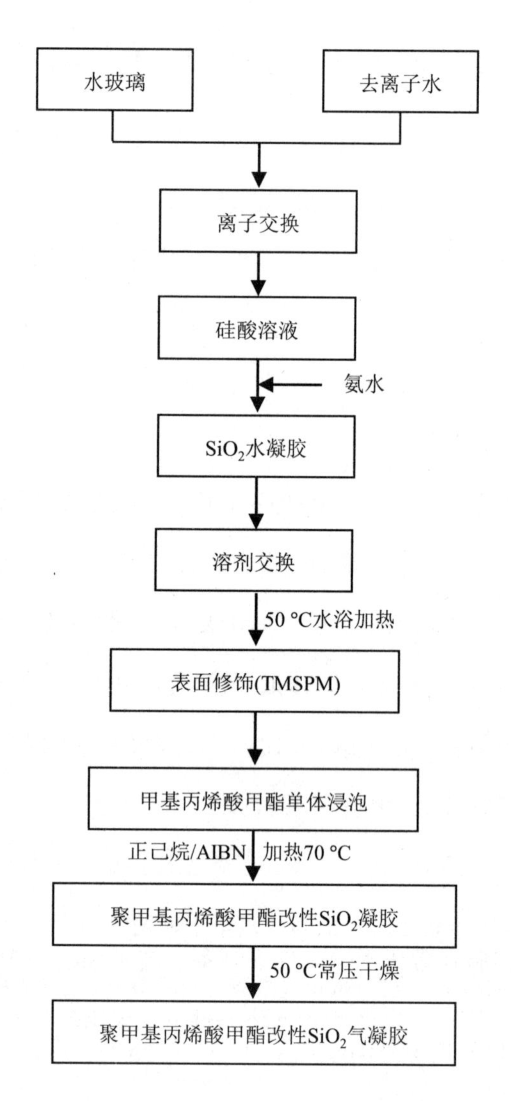

图 2-1　PMMA 改性 SiO_2 气凝胶的制备流程图

表 2-3　所制备气凝胶的原始比例

样品	水玻璃 / mL	水 / mL	TMSPM / vol%	MMA / vol%	氨水 / mol/L
PS-0-0	10	30	0	0	1.0
PS-2-T05	10	30	12.5	20	1.0
PS-2-T10	10	30	25.0	20	1.0
PS-2-T15	10	30	37.5	20	1.0
PS-2-T20	10	30	50.0	20	1.0
PS-1-T15	10	30	37.5	10	1.0
PS-2-T15	10	30	37.5	20	1.0
PS-3-T15	10	30	37.5	30	1.0
PS-4-T15	10	30	37.5	40	1.0
PS-5-T15	10	30	37.5	50	1.0

2.2.4　疏水 SiO_2 气凝胶的制备

为了将 PMMA 改性 SiO_2 气凝胶的各项性能与未经聚合物改性的 SiO_2 气凝胶进行对比，本实验在常压干燥条件下制备了疏水 SiO_2 气凝胶块体作为对照组。具体制备过程为：在 50 ℃恒温水浴条件下，采用乙醇 / 正己烷 / 三甲基氯硅烷（TMCS）混合溶液（乙醇与 TMCS 的物质的量比为 2∶3，TMCS 与凝胶的体积比为 1∶1）对老化后的 SiO_2 凝胶进行溶剂交换 / 表面改性处理 24 h[168]，改性完成后用正己烷洗涤凝胶以除去残余溶液，然后放入真空干燥箱，在 50 ℃和 80 ℃下各干燥 2 h，然后在 120 ℃和 150 ℃下各干燥 1 h，最终得到表面疏水的 SiO_2 气凝胶[88]。

2.2.5 SiO_2气凝胶的结构及性能测试

采用 Mettler Toledo STARe 综合热分析仪对气凝胶的热稳定性进行表征，升温速率 10 ℃ /min，氮气气氛；气凝胶的表面官能团特征采用 Nicolet Avatar 360 FT-IR 红外光谱仪进行测定；在场发射扫描电镜（FEI Nova Nanosem 450）和透射电镜（Tecnai G2 Spirit FEI Co.）下观察 PMMA 改性气凝胶的微观形貌与孔隙结构；比表面积和孔径分布采用 ASAP 2020 型比表面积分析仪（美国 Micromeritics 公司）测定，脱气温度 100 ℃，脱气时间 12 h；气凝胶的力学性能采用 Ti-950 Triboindenter 纳米力学测试系统（美国 Hysitron 公司）测定，样品尺寸为 4 mm × 4 mm × 4 mm，上下表面用 600 号砂纸打磨光滑，并保持平行，采用 Berkovich 压头，三棱锥型，加载与卸载速率 0.05 mN/s，最大压入深度 1 μm，最大压力为 1.7 mN，每个样品测试 10 个点。对疏水改性气凝胶采用排水法测量体积，由 $\rho = m/V$ 计算得到体积密度。对于 PMMA 改性气凝胶，可以直接测量计算材料体积，并通过上式得到体积密度。改性气凝胶的固体骨架密度则采用真密度分析仪 TD2400（彼奥得电子）进行测定。

2.3 聚甲基丙烯酸甲酯改性 SiO_2 气凝胶的制备机理

2.3.1 水玻璃制备SiO_2气凝胶的溶胶–凝胶过程

制备 SiO_2 气凝胶的第一步是采用溶胶 - 凝胶法制备 SiO_2 湿凝胶或醇凝胶。

作为一种水溶性硅酸盐，水玻璃被认为是制备 SiO_2 气凝胶最廉价的无机硅源，其化学式可以表示为 $Na_2O \cdot nSiO_2$，n 即为水玻璃模数。与正硅酸甲酯等硅源相比，水玻璃不易燃，无毒性，易于长期保存且在凝胶反应中更容易控制，这些优点使得水玻璃更加适合作为气凝胶工业生产的原材料，本章实验采用模数为 3.1 的水玻璃作为硅源 [168]。

水玻璃制备 SiO_2 凝胶通常采用两种不同方法。方法一即一步法，就是通过调节水玻璃溶液的 pH 到 5~9 范围内，使水玻璃溶液部分中和，然后形成凝胶，生成的氯化钠通过大量的水洗涤除去 [99]，方程式如下：

$$Na_2SiO_3 + 2HCl + (x\text{-}1)\,H_2O \rightarrow [\,SiO_2 \cdot xH_2O\,] + 2NaCl \qquad (2.1)$$

方法二是典型的两步法催化凝胶，首先将水玻璃溶液通过阳离子交换树脂，将溶液中的 Na^+ 置换为 H^+，得到硅酸溶液，然后在碱的催化作用下凝胶 [36]。

由于方法一中残余的钠离子会堵塞气凝胶孔隙，降低气凝胶孔隙率，破坏凝胶结构，故本实验采用方法二制备 SiO_2 凝胶，首先用去离子水以 3∶1 的体积比对水玻璃进行稀释，稀释后的溶液通过强酸性苯乙烯系阳离子交换树脂将溶液中的 Na^+ 置换为 H^+，得到硅酸溶液。硅酸溶液在浓度为 1 mol/L 的氨水的催化作用下发生缩聚反应，形成具有三维网络结构的 SiO_2 凝胶。由于凝胶孔隙中的溶剂为水，故称之为 SiO_2 湿凝胶或 SiO_2 水凝胶，反应方程式如下：

$$n\left[\,Si(OH)_4 + (OH)_4Si\,\right] \longrightarrow n\left[\begin{array}{c} \quad OH \qquad\quad OH \\ \quad | \qquad\qquad | \\ OH{-}Si{-}O{-}Si{-}OH \\ \quad | \qquad\qquad | \\ \quad OH \qquad\quad OH \end{array}\right] + 2nH_2O \qquad (2.2)$$

2.3.2 PMMA对SiO_2气凝胶的改性机理

采用聚合物交联的方法对气凝胶进行增强改性，首先要根据所用聚合物单体的结构和性质判断是否需要对二氧化硅表面进行修饰。

3-（甲基丙烯酰氧）丙基三甲氧基硅烷（TMSPM）是一种重要的硅烷偶联剂，在它的分子中同时具有能与硅羟基结合的甲氧基和能与聚合物单体发生聚合反应的 C=C 双键。所以通过 TMSPM 偶联，可以将带有双键的甲基丙烯酸甲酯链接于硅粒子表面，并进一步引发聚合反应，在硅粒子表面生成聚甲基丙烯酸甲酯包覆膜，从而实现对气凝胶的增强。

TMSPM 与二氧化硅表面的羟基反应存在两种反应机理[80]。在有水条件下，TMSPM 首先与水分子发生水解反应，水解后的 TMSPM 进一步与硅羟基发生缩合反应，形成 Si–O–Si 键［见式（2.3）和式（2.4）］。同时，水解的 TMSPM 分子之间还会发生自缩聚反应［见式（2.5）］[169]。

$$H_3CO\text{-}Si(OCH_3)_2\text{-}CH_2CH_2CH_2\text{-}O\text{-}C(=O)\text{-}C(CH_3){=}CH_2 + H_2O \longrightarrow OH\text{-}Si(OCH_3)_2\text{-}CH_2CH_2CH_2\text{-}O\text{-}C(=O)\text{-}C(CH_3){=}CH_2 + CH_3OH \tag{2.3}$$

$$Si\text{—}OH + OH\text{-}Si(OCH_3)_2\text{-}CH_2CH_2CH_2\text{-}O\text{-}C(=O)\text{-}C(CH_3){=}CH_2 \longrightarrow Si\text{—}O\text{-}Si(OCH_3)_2\text{-}CH_2CH_2CH_2\text{-}O\text{-}C(=O)\text{-}C(CH_3){=}CH_2 + H_2O \tag{2.4}$$

$$CH_2{=}C(CH_3)COO(CH_2)_3Si(OCH_3)_2OH + HO{-}Si(OCH_3)_2(CH_2)_3OOCC(CH_3){=}CH_2 \longrightarrow CH_2{=}C(CH_3)COO(CH_2)_3Si(OCH_3)_2{-}O{-}Si(OCH_3)_2(CH_2)_3OOCC(CH_3){=}CH_2 + H_2O \tag{2.5}$$

当没有水分子参与反应时，TMSPM 分子的甲氧基会直接与二氧化硅粒子表面的 Si–OH 发生缩醇反应［见式（2.6）］，形成 Si–O–Si 键。由于体系中没有水参与反应，TMSPM 分子间不会发生脱水反应，因此，这种情况下 TMSPM 会在硅粒子表面形成较规则的单分子层[170]。在本实验中，通过水玻璃溶胶 - 凝胶法制备的 SiO_2 湿凝胶其孔洞中存在大量水分子，将凝胶采用乙醇经过 48 h 的溶剂交换，仍存在少量的水分子，故 TMSPM 对二氧化硅表面的修饰应该是两种反应机理并存的，但无水反应应该是主要反应。

$$Si{-}OH + H_3CO{-}Si(OCH_3)_2(CH_2)_3OOCC(CH_3){=}CH_2 \longrightarrow Si{-}O{-}Si(OCH_3)_2(CH_2)_3OOCC(CH_3){=}CH_2 + H_2O + CH_3OH \tag{2.6}$$

完成了 TMSPM 分子对二氧化硅表面的修饰后，采用溶液浸泡法在凝胶中先后引入甲基丙烯酸甲酯单体和自由基引发剂，在水浴条件下引发自由基聚合反应，通过硅烷偶联剂，将聚甲基丙烯酸甲酯嫁接到凝胶粒子的表面。经

TMSPM 分子修饰的凝胶表面与甲基丙烯酸甲酯单体的反应如下：

$$\text{Si–O–Si(OCH}_3)_2\text{–CH}_2\text{CH}_2\text{CH}_2\text{–O–C(=O)–C(CH}_3)\text{=CH}_2 + \text{H}_2\text{C=C(CH}_3)\text{–C(=O)–O–CH}_3 \xrightarrow[70\,^{\circ}\text{C}]{\text{AIBN}} \text{Si–O–Si(OCH}_3)_2\text{–CH}_2\text{CH}_2\text{CH}_2\text{–O–C(=O)–CH(CH}_3)\text{–}\left[\text{CH}_2\text{–C(CH}_3)(\text{C(=O)–O–CH}_3)\right]_n \tag{2.7}$$

2.3.3 SiO_2气凝胶的表面疏水改性机理

通过水玻璃制备的湿凝胶，凝胶孔隙中的溶剂为水，在常压干燥条件下，水的弯液面会形成强大的毛细管压力，使凝胶的网络结构塌陷，骨架破裂，凝胶收缩。另一方面，由于凝胶粒子表面存在大量的亲水基团 Si–OH，在干燥时会发生缩合反应，生成水并形成 Si–O–Si 键，导致凝胶骨架不可逆收缩，最终只能形成致密的干凝胶，无法得到轻质多孔的气凝胶材料 [171-172]。为了能够在常压干燥条件下制备 SiO_2 气凝胶块体，需在干燥前对凝胶进行溶剂交换和表面改性，利用表面张力低的溶剂将凝胶孔隙中的水交换出来，并将凝胶表面容易发生缩合反应的 Si–OH 基团通过化学反应替换为 $–CH_3$ 等疏水基团。

本书采用了一步溶剂交换 / 表面改性方法，用乙醇 / 正己烷 / 三甲基氯硅烷的混合溶液浸泡凝胶，将凝胶粒子表面的亲水基团 –OH 通过化学反应转变为 $–O–Si–(CH_3)_3$[88]，如图 2-2 所示，并且将凝胶孔隙中的水交换为表面张力较低的正己烷，从而降低了毛细管压力，在常压干燥条件下得到了表面疏水的 SiO_2 气凝胶块体。

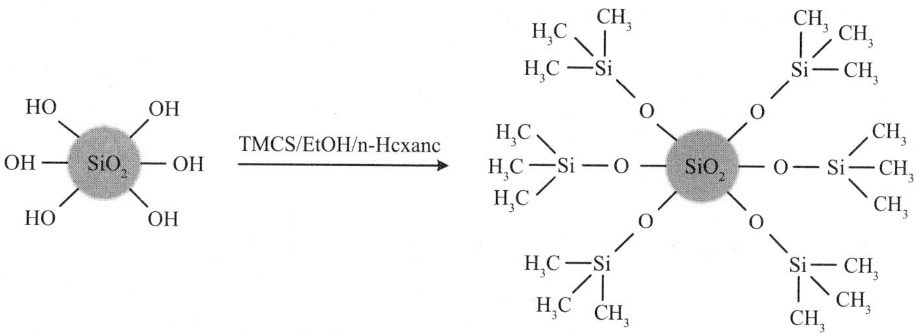

图 2-2 表面疏水改性 SiO_2 气凝胶的示意图

采用乙醇 / 正己烷 / 三甲基氯硅烷改性湿凝胶发生的主要的化学反应如下[167]：

$$2(CH_3)_3Si\text{–}Cl[TMCS] + H_2O \rightarrow (CH_3)_3\text{–}Si\text{–}O\text{–}Si\text{–}(CH_3)_3[HMDSO]+2HCl \quad (2.8)$$

$$(CH_3)_3Si\text{–}Cl[TMCS]+CH_3CH_2OH \rightarrow (CH_3)_3Si\text{–}O\text{–}CH_2CH_3+HCl \quad (2.9)$$

$$2(CH_3)_3Si\text{–}O\text{–}CH_2CH_3 + H_2O \rightarrow (CH_3)_3Si\text{–}O\text{–}Si\text{–}(CH_3)_3+2CH_3CH_2OH \quad (2.10)$$

$$(CH_3)_3\text{–}Si\text{–}Cl + HO\text{–}Si \equiv \rightarrow (CH_3)_3\text{–}Si\text{–}O\text{–}Si+HCl \quad (2.11)$$

$$(CH_3)_3\text{–}Si\text{–}O\text{–}CH_2CH_3 + HO\text{–}Si \equiv \rightarrow (CH_3)_3\text{–}Si\text{–}O\text{–}Si+CH_3CH_2OH \quad (2.12)$$

整个改性过程中，乙醇的加入能够减缓三甲基氯硅烷与孔隙水的反应速率，正己烷作为溶剂，用于交换乙醇及未反应的孔隙水，以降低干燥过程中产生的毛细管压力[88]。改性后，整个 SiO_2 气凝胶的疏水特性由表面链接的基团 $-O-Si-(CH_3)_3$ 提供，而内部可能残存的 -OH 基团，也由于 $-O-Si-(CH_3)_3$ 的疏水性而被封闭起来[173]。

2.3.4 PMMA改性SiO_2气凝胶的红外光谱分析

为了进一步对上述改性机理加以验证，利用红外吸收光谱分别对 TMCS 疏水改性气凝胶（谱线 a）、空白气凝胶（谱线 b）、TMSPM 修饰的 SiO_2 气凝胶（谱线 c）和 PMMA 改性气凝胶（谱线 d）的表面官能团进行了分析与对比。由图 2-3 可以看出，四条谱线均在 1 090 cm^{-1}、801 cm^{-1} 和 465 cm^{-1} 附近存在明显的特征峰，分别对应 Si-O-Si 反对称伸缩振动、对称伸缩振动和弯曲振动吸收峰，这是因为该基团构成了二氧化硅材料中的网络骨架结构，且含量较高[86]。

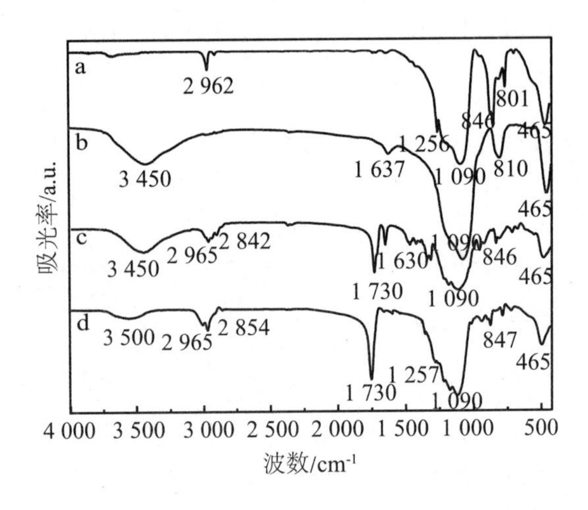

图 2-3　SiO_2 气凝胶的红外光谱

对于 TMCS 疏水改性的 SiO_2 气凝胶，2 962 cm^{-1}、1 256 cm^{-1} 与 846 cm^{-1} 处为分别对应 Si–CH_3 的反对称伸缩振动、反对称弯曲振动和对称弯曲振动吸收峰[174]。由于 SiO_2 气凝胶经过 TMCS 改性，凝胶表面的亲水基团 Si–OH 转变成了疏水基团 Si–CH_3，3 450 cm^{-1} 处 –OH 的吸收峰和 1 637 cm^{-1} 处 H–O–H 的吸收峰十分微弱，同时疏水改性使气凝胶在常压干燥条件下可以得到较大块体。

空白 SiO_2 气凝胶是经超临界干燥制备得到的，未经溶剂交换和表面改性，因此在谱线 B 中可以看到在 3 500 cm^{-1} 处有一较强的 –OH 伸缩振动吸收峰，在 960 cm^{-1} 处对应少量的 Si–OH 伸缩振动吸收峰，说明空白气凝胶呈现亲水性，而在 1 637 cm^{-1} 附近出现的 H–O–H 弯曲振动吸收峰则是由于样品中存在一定的吸附水[175]。

通过与空白 SiO_2 气凝胶对比可以看出，TMSPM 修饰的 SiO_2 气凝胶（谱线 C）在 3 450 cm^{-1} 处 –OH 的吸收峰明显减弱，此时 –OH 基团的来源可能是吸附水、凝胶表面少量未反应的 –OH 或是硅烷偶联剂的小部分水解。2 965 cm^{-1} 和 2 842 cm^{-1} 处分别对应 –CH_3 和 –CH_2– 的伸缩振动吸收峰，更重要的是在 1 630 cm^{-1} 处 –CH=CH– 基团弯曲振动吸收峰和位于 1 730 cm^{-1} 处的 C=O 基团伸缩振动吸收峰证明了硅烷偶联剂 TMSPM 的存在[176]。

从 PMMA 改性气凝胶的红外光谱中可以看出，3 500 cm^{-1} 处 –OH 的吸收峰较空白 SiO_2 气凝胶有非常明显的减弱，960 cm^{-1} 处代表 Si–OH 的伸缩振动吸收峰和 1 630 cm^{-1} 代表 H–O–H 的弯曲振动吸收峰消失，说明气凝胶表面的 –OH 发生了化学反应。PMMA 改性 SiO_2 气凝胶相比于空白 SiO_2 气凝胶最明显的特征是 1 730 cm^{-1} 处的 C=O 伸缩振动吸收峰，这说明了聚合物 PMMA 存在于 SiO_2 气凝胶的结构中。对比谱线 D 和 C 可以发现，PMMA 改性 SiO_2 气凝胶在 1 640 cm^{-1} 处并未出现特征峰，说明 C=C 双键不存在，甲基丙烯酸甲酯单体与硅烷偶联剂 TMSPM 之间发生了聚合反应，形成了化学键连接。847 cm^{-1} 处 Si–C 的吸收峰和 1 065 cm^{-1} 处 Si–O–C 的吸收峰说明偶联剂与二氧化硅通过缩聚反应连接在一起。

2.4 硅烷偶联剂对气凝胶结构性能的影响

2.4.1 不同硅烷偶联剂浓度对气凝胶微观形貌的影响

为了确定硅烷偶联剂的最佳浓度，采用透射电镜对聚合物单体浓度 20 vol% 时不同硅烷偶联剂浓度的改性气凝胶进行了微观形貌分析和对比，如图 2-4 所示。通过对比发现，当硅烷偶联剂浓度较小时，气凝胶的固体骨架并没有明显的增大增粗［见图 2-4（a）和图 2-4（b）］，这是由于 PMMA 不能充分地通过偶联剂分子连接到二氧化硅表面，有一部分会在溶剂交换过程中从凝胶孔洞中浸出，还有一部分残留在凝胶孔洞中形成堆积，导致改性气凝胶的结构不均和孔隙率降低。随着偶联剂浓度的增加，改性气凝胶的固体骨架尺寸逐渐增大，孔径也随之增大，大孔及连通孔出现。由此说明，硅烷偶联剂确实在改性气凝胶中起到了偶联 SiO_2 骨架粒子与 PMMA 的作用。然而，当硅烷偶联剂达到一定浓度时，SiO_2 骨架粒子表面的烷基化程度将趋于稳定，实际上，真正起到活性基团作用的是很少的偶联剂所形成的单分子层，如果继续增加偶联剂浓度，那么多余的偶联剂分子之间就会缩合成较长的链，不利于连接二氧化硅粒子和 PMMA[143]。由样品

PS-2-T20［见图 2-4（d）］的微观形貌不难看出，过量的硅烷偶联剂对改性气凝胶的孔结构产生了一定影响，大孔和连通孔较多，孔结构分布不均匀。通过对比图 2-4 可以看出，TMSPM 的浓度为 37.5 vol% 时，气凝胶的骨架结构更加均匀。

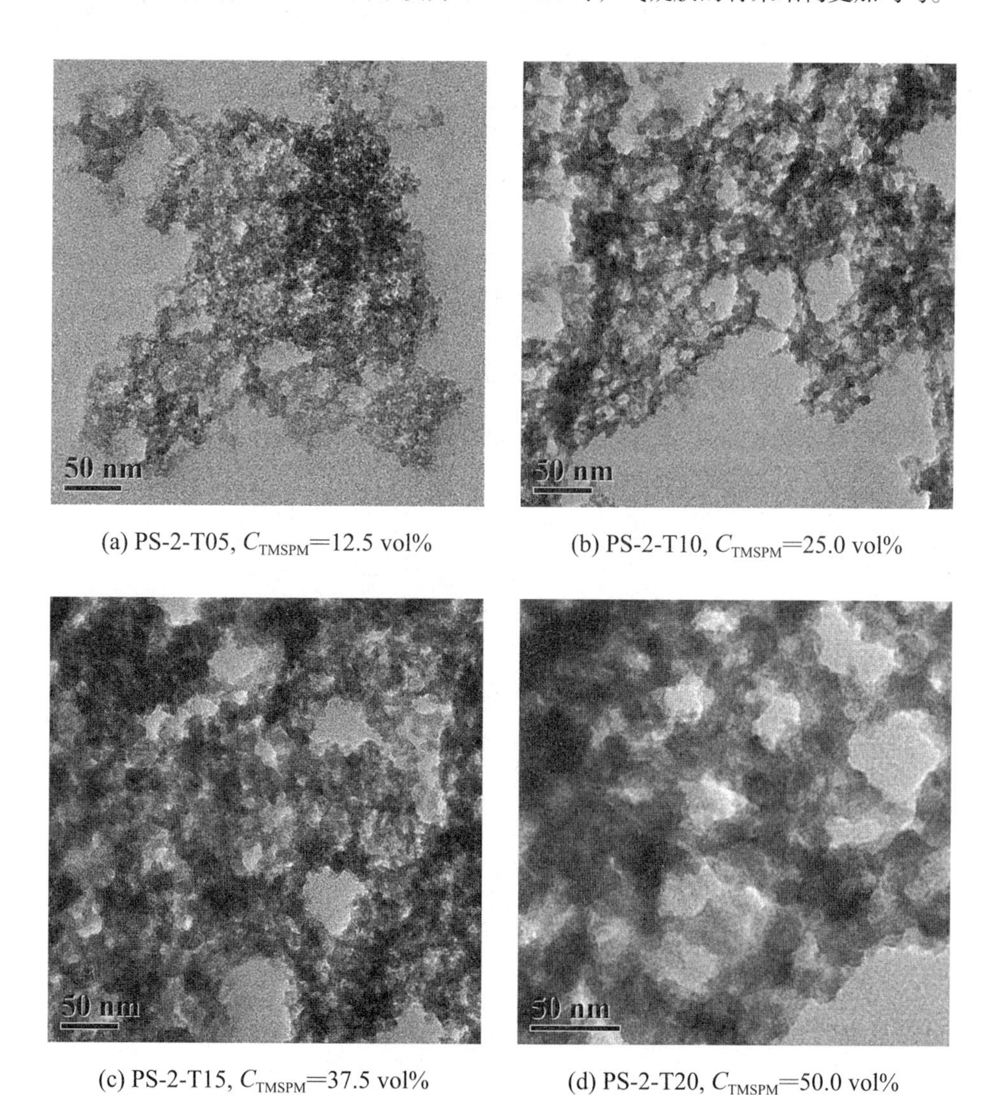

(a) PS-2-T05, C_{TMSPM}=12.5 vol%　　(b) PS-2-T10, C_{TMSPM}=25.0 vol%

(c) PS-2-T15, C_{TMSPM}=37.5 vol%　　(d) PS-2-T20, C_{TMSPM}=50.0 vol%

图 2-4　不同硅烷偶联剂浓度的 SiO_2 气凝胶的微观形貌

2.4.2 不同硅烷偶联剂浓度对改性气凝胶热稳定性的影响

图 2-5（a）为聚合物单体浓度 20 vol% 时不同偶联剂浓度的气凝胶热重（TG）曲线。可以看出，曲线有两个明显的失重阶段，100~150 ℃的质量损失主要来源于吸附水和有机溶剂的蒸发。300~500 ℃质量损失最大，主要来自 PMMA 与硅烷偶联剂 TMSPM 的分解。随着硅烷偶联剂浓度的增加，改性气凝胶的质量损失逐渐增大。图 2-5（b）为 TMSPM 修饰的 SiO_2 气凝胶热重 / 微商热重（DTG）曲线。由于没有引入聚合物单体，所以 375~600 ℃的质量损失来源于硅烷偶联剂的分解。其中，425 ℃处 DTG 曲线出现最大峰，这是因为硅烷偶联剂末端甲基丙烯酸丙酯发生分解。而在 300 ℃附近没有峰出现，说明偶联剂中的甲基在与 SiO_2 骨架粒子发生反应时脱去了[177]。由此进一步证明了偶联剂连接到了二氧化硅凝胶的粒子表面，而不是自身 C = C 双键之间发生了聚合反应。

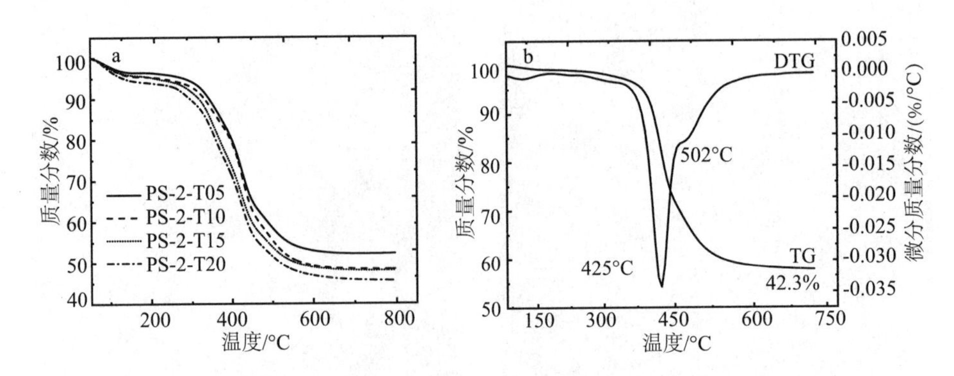

图 2-5　不同硅烷偶联剂浓度的 SiO_2 气凝胶的 TG/DTG 曲线

2.5 聚合物单体浓度对气凝胶结构性能的影响

2.5.1 不同聚合物单体浓度对SiO_2气凝胶物理性能的影响

PMMA 改性气凝胶的基本物理性质如表 2-4 所示。由表中数据可以看出，随着改性溶液中聚合物单体浓度的增加，改性气凝胶的体积密度增大，孔隙率降低，比表面积减小，通过热分析测试得到的总质量损失增加。PS-0-0 是 TMCS 疏水改性的 SiO_2 气凝胶，未经聚合物改性，体积密度仅为 0.124 g/cm^3，比表面积为 726 m^2/g，孔隙率为 94%。当 SiO_2 湿凝胶在聚合物单体溶液中浸泡时，孔洞内外溶液的浓度不同，聚合物单体向孔洞中扩散。由于 SiO_2 粒子表面连接了含有 C = C 双键的硅烷偶联剂 TMSPM，在进行自由基聚合反应时，硅烷偶联剂的 C = C 双键会与甲基丙烯酸甲酯单体之间发生聚合反应，形成化学键，将聚甲基丙烯酸甲酯与 SiO_2 粒子连接起来。聚合物在 SiO_2 粒子表面形成包覆膜，使气凝胶的固体含量增加，所以造成其体积密度增加，孔隙率降低，比表面积减小。当聚合物单体浓度达到 50 vol% 时，改性气凝胶的体积密度较未改性气凝胶增大了 475%，孔隙率降低了 77%，比表面积减小了 64%，过高的聚合物单体浓度在一定程度上影响了气凝胶的轻质多孔的性能。

表 2-4　SiO_2 气凝胶的基本物理性能

样品	MMA / vol%	TMSPM / vol%	体积密度 / (g/cm^3)	孔隙率 / %	比表面积 / (m^2/g)	气凝胶中 PMMA 含量 / (g/g)	总热失重 / %
PS-0-0	0	0	0.124 ± 0.003	94	726	0	11
PS-1-T15	10	37.5	0.296 ± 0.005	82	518	0.425	54.2

续表

样品	MMA / vol%	TMSPM / vol%	体积密度 / (g/cm^3)	孔隙率 / %	比表面积 / (m^2/g)	气凝胶中 PMMA 含量 / (g/g)	总热失重 / %
PS-2-T15	20	37.5	0.358 ± 0.003	77	440	0.451	55.3
PS-3-T15	30	37.5	0.442 ± 0.002	71	402	0.507	62.4
PS-4-T15	40	37.5	0.527 ± 0.012	64	340	0.551	67.2
PS-5-T15	50	37.5	0.714 ± 0.015	51	210	0.586	78.1

注：孔隙率由 $\text{Porosity}=\left(1-\dfrac{\rho_b}{\rho_s}\right)\times 100\%$ 计算得到，$\rho_{SiO_2}=2.19\ g/cm^3$，PMMA 的含量由 TG 曲线在 200~400 ℃的失重得到。

图 2-6 为 PMMA 改性气凝胶的 TG/DTG 曲线。对比曲线可以看出，疏水 SiO_2 气凝胶 PS-0-0 总失重约为 11%，在温度上升到 450 ℃附近时质量损失最大，升至 800 ℃时质量不再变化。这是由于气凝胶通过溶剂交换 / 表面改性，二氧化硅表面的 –OH 被 $-CH_3$ 所取代，Si–CH_3 在 450 ℃下逐渐氧化。对于 PMMA 改性 SiO_2 气凝胶，100 ℃以内少量的质量损失是由于样品中的少量吸附水和有机溶剂蒸发造成的。在氮气气氛下，改性气凝胶的热失重主要集中在 200~500 ℃，来源于 PMMA 和 TMSPM 的热分解。PMMA 的分解分为两个阶段，分别为主链末端双键引发的断链反应和主链无规则断链反应[178,179]，对应于 DTG 曲线上 250 ℃和 340 ℃附近两个峰。PMMA 第一阶段的分解温度为 220~280 ℃，质量损失最高为 6%；第二阶段的分解温度为 280~400 ℃，质量损失最高可达 30%。DTG 曲线上 427 ℃和 500 ℃附近的热失重则归因于硅烷偶联剂的分解。根据以上分析，PMMA 虽然在 220~280 ℃开始缓慢分解，但失重率并不大，所以，PMMA 改性 SiO_2 气凝胶的热稳定性能够保持到 280 ℃。

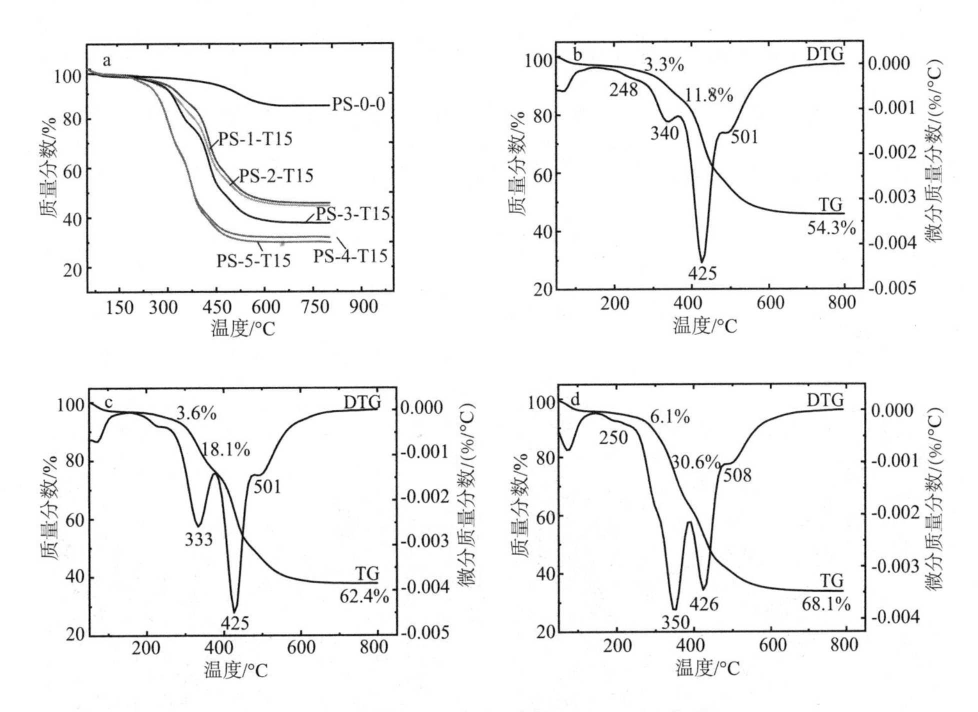

图 2-6 改性 SiO_2 气凝胶的 TG/DTG 曲线：

（a）TG 曲线；（b）PS-1-T15；（c）PS-3-T15；（d）PS-5-T15

2.5.2 不同聚合物单体浓度对SiO_2气凝胶微观形貌与孔结构的影响

图 2-7 为不同聚合物单体浓度的改性气凝胶的微观形貌，可以看出，气凝胶的固体骨架为三维网络状结构，SiO_2 粒子呈团簇状（白色虚线），未改性气凝胶 PS-0-0 的 SiO_2 粒子直径约为 5~10 nm，粒子堆积形成的团簇直径约为 100 nm，结构疏松。当气凝胶受到外力作用发生破裂时，SiO_2 粒子间连接部位会发生断裂，造成粒子之间失去连接，因此增大 SiO_2 粒子间连接部面积是增强气凝胶材料力学性能的关键。对比发现，随着聚合物单体浓度的增加，气凝胶的固体骨

架粒子尺寸因聚合物的包覆而增大，气凝胶内部孔径减小。聚合物单体浓度为 10 vol% 的气凝胶 PS-1-T15，粒子的直径为 10~17 nm，结构较 PS-0-0 更加致密，而当聚合物单体浓度达到 50 vol% 时，SiO_2 粒子的直径可达 32~38 nm，网络骨架明显增大增粗，孔隙减少。由此说明，聚合物 PMMA 确实通过化学反应包裹在 SiO_2 粒子的表面，使气凝胶骨架结构中最脆弱的部分，即粒子之间的连接部位得到了增强。

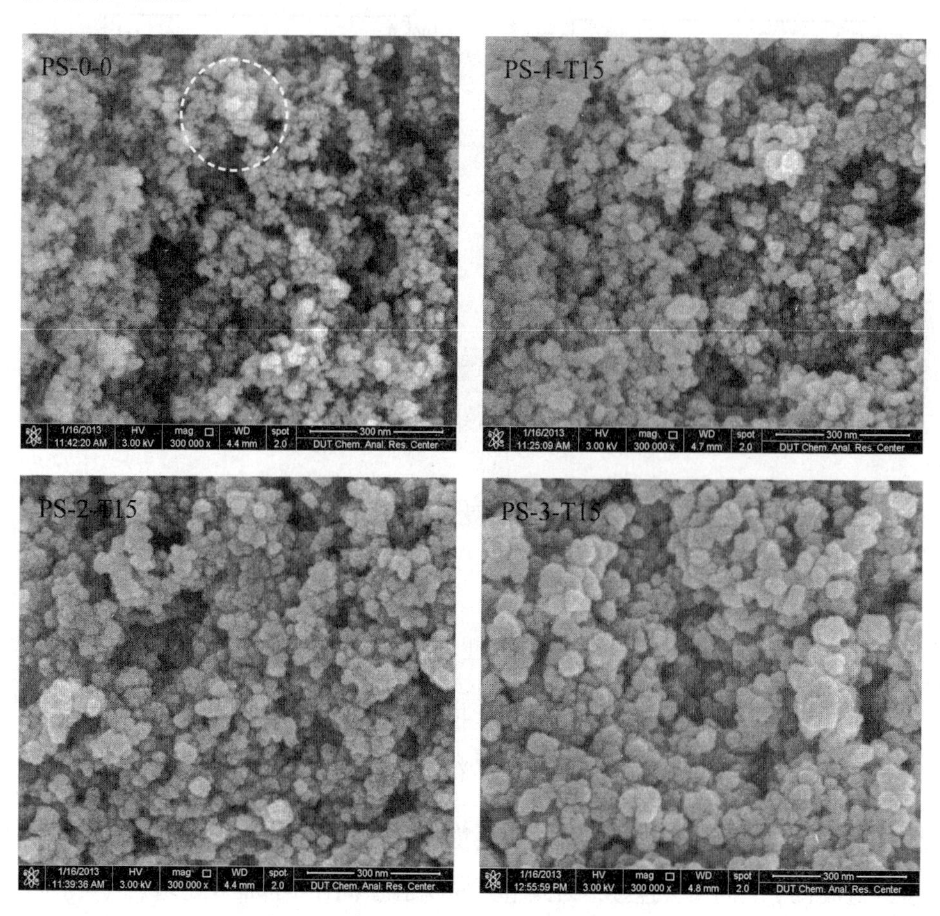

图 2-7　PMMA 改性 SiO_2 气凝胶的微观结构

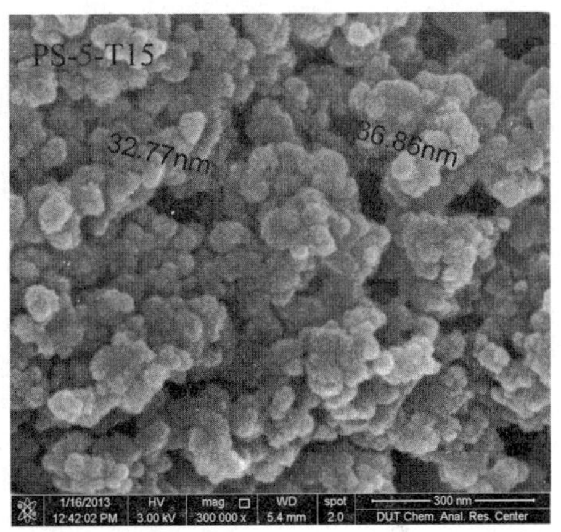

图 2-7　PMMA 改性 SiO_2 气凝胶的微观结构（续）

聚合物 PMMA 的加入不仅对气凝胶的骨架结构起到了增强作用，还对气凝胶的孔结构与孔分布产生了一定影响。图 2-8 为改性气凝胶的 N_2 吸附 - 脱附曲线和孔径分布曲线。根据国际纯粹与应用化学联合会（IUPAC）的分类标准[180]，PS-0-0 的吸附－脱附曲线均属于Ⅳ型，在中高压段存在 H1 型回滞环，可认为是均匀的介孔结构。孔径分布曲线根据 Barret-Joyner-Halenda（BJH）法由脱附等温线计算得到。从孔径分布曲线来看，PS-0-0 的孔径分布较窄，主要分布在 5~12 nm，最可几孔径为 7 nm。改性气凝胶样品 PS-1-T15、PS-3-T15 和 PS-5-T15 的吸附 - 脱附曲线也属于Ⅳ型，在高压段吸附量迅速增加，表现出的 H2（b）型回滞环，这种回滞环的出现多与网孔效应和孔道阻塞有关，可认为改性气凝胶存在“颈部”较宽的墨水瓶型介孔结构[180]，这说明聚合物的引入使得改性气凝胶的孔隙结构变得复杂。聚合物的包覆使 SiO_2 固体骨架增大增粗，气凝胶抵抗毛细管张力的能力增强，但聚合物在凝胶孔洞中的聚合反应可能造成气凝胶孔道的堵塞，形成墨水瓶型孔结构。随着聚合物单体浓度的增加，改性气凝胶的孔径分布向尺寸增大的方向移动，PS-1-T15 的孔径分布范围主要集中在 7~20 nm，最可几孔径约为 12 nm，PS-3-T15 的孔径分布范围主要集中在 10~30 nm，最可几孔径约为 17 nm，PS-5-T15 的孔径分布范围扩大到 17~50 nm，最可几孔径约 20 nm。从改性气凝胶的微观结构（图 2-8）也可以看出，随着聚合物含量的增加，气凝胶的孔体积下降，比表面积减小，这与孔径分析的数据结果相吻合。表 2-5 中，当聚合物单体浓度增加到 50 vol% 时，改性气凝胶的平均孔直径从 15.9 nm 降至 10.7 nm，孔体积从 2.901 cm^3/g 降至 0.565 cm^3/g。

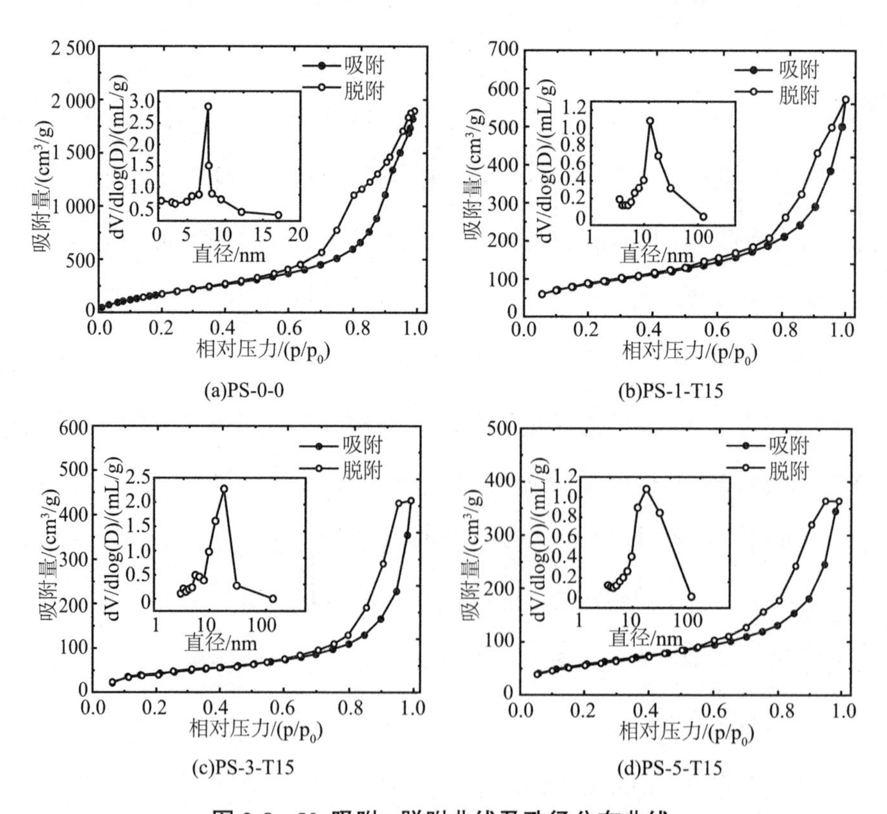

图 2-8　N_2 吸附 - 脱附曲线及孔径分布曲线

表 2-5 PMMA 改性 SiO_2 气凝胶的孔结构

样品	MMA / %	TMSPM / vol%	比表面积 / (m^2/g)	平均孔直径 / (nm)	总孔体积 / (cm^3/g)
PS-0-0	0	0	726	15.9	2.901
PS-1-T15	10	37.5	518	14.3	1.853
PS-2-T15	20	37.5	440	13.4	1.471
PS-3-T15	30	37.5	402	12.3	1.235
PS-4-T15	40	37.5	340	11.1	0.668
PS-5-T15	50	37.5	210	10.7	0.565

2.5.3 PMMA改性气凝胶的力学性能

由于在常压干燥条件下，很难制备得到规则无裂纹的气凝胶块体，所以常规的力学性能测试方法难以表征实验中制备的改性气凝胶的力学性能，因此，PMMA 改性气凝胶的力学性能采用纳米压痕技术进行测试，其基本原理是将较小的尖端压头以极小的力在被测材料表面压出微米级或纳米级的压痕，并记录加载与卸载过程中的压力和压入深度，进而得到荷载 - 位移曲线（*P*-*h* 曲线）。依据 Oliver-Pharr 法 [181-184] 可以从卸载曲线的斜率求出杨氏模量，并且根据最大荷载和压痕的残余变形面积计算出被测材料的硬度。具体计算公式如下：

$$H = \frac{P_{\max}}{A} \tag{2.13}$$

其中，H 为被测材料硬度，可以反映材料抵抗局部变形的能力；$P_{\max}$ 是最大荷载；A 为最大荷载处的压头与样品的接触面积，对于理想的金刚石 Berkovich 压头，$A=24.5$；h_t^2 为压入深度。杨氏模量利用下式计算：

$$\frac{dP}{dh} = \frac{2\beta E}{\sqrt{\pi}\left(1 - v^2\right)}\sqrt{A} \tag{2.14}$$

式中，dP/dh 为卸载曲线顶部斜率；E 为杨氏模量；v 为被测材料的泊松比，对于气凝胶材料而言，取 $v = 0.2$[184,185]；β 为压头校正系数，对于常用的 Berkovich 压头，$\beta = 1.034$。

表 2-6 为采用纳米压痕测试得到的改性气凝胶的硬度和杨氏模量，可以看出，随着气凝胶中聚合物含量的增加，改性气凝胶的杨氏模量与硬度增加，当聚合物含量达到最大时，气凝胶的硬度和杨氏模量分别比未改性气凝胶提高了近 13.7 倍和 15.1 倍。聚合物的引入在气凝胶骨架粒子表面形成包覆层，粒子之间的连接部位相比于未改性气凝胶有所增大，且平均孔直径和孔隙率也明显减小，在常压干燥条件下，改性气凝胶抵抗弯液面造成的毛细孔张力的能力提高，在宏观上表现出力学性能的增强。

表 2-6　SiO_2 气凝胶的力学性能

样品	体积密度 / (g/cm^3)	平均孔直径 / nm	硬度 / MPa	杨氏模量 / MPa
参考样品 [186]	0.15	—	2.4	50
PS-1-T15	0.296 ± 0.005	14.3	7.1	363
PS-2-T15	0.358 ± 0.003	13.4	13.5	459
PS-3-T15	0.442 ± 0.002	12.3	18.4	582
PS-4-T15	0.527 ± 0.012	11.1	22.0	716
PS-5-T15	0.714 ± 0.015	10.7	35.3	804

2.6 本章小结

本章基于溶液浸泡聚合物改性法及分子设计理论，以廉价的水玻璃为原料，通过溶胶 - 凝胶法制备了 SiO_2 湿凝胶，经溶液浸泡，将甲基丙烯酸甲酯单体（MMA）引入湿凝胶，并在 70 ℃下引发聚合反应，经常压干燥工艺制备了力学性能优异的聚甲基丙烯酸甲酯（PMMA）改性 SiO_2 气凝胶，探讨了不同聚合物单体浓度和硅烷偶联剂浓度对改性气凝胶结构及性能的影响，并得到以下结论。

（1）随着 PMMA 含量的增加，改性气凝胶的体积密度增大，比表面积逐渐减小，孔隙率降低。当聚合物单体溶液浓度达到 50% 时，气凝胶的体积密度达到最大，为 0.781 g/cm^3。根据热重分析的结果可知，PMMA 改性 SiO_2 气凝胶的热稳定性能够保持到 280 ℃。

（2）通过对比不同硅烷偶联剂 TMSPM 浓度的改性气凝胶的微观形貌、孔特征及热稳定性，可以确定 TMSPM 的最佳浓度为 37.5 vol%。当偶联剂浓度过少时，会造成聚合物单体溶液从凝胶孔洞中浸出，而浓度过高则会对气凝胶孔隙结构造成影响。

（3）扫描电镜下观察发现，PMMA 改性 SiO_2 气凝胶的微观结构疏松多孔，骨架粒子随聚合物增加而增大，直径可达 32~36 nm。结合 N_2 吸附 - 脱附曲线和孔径分布曲线分析发现，随着聚合物含量的增加，气凝胶中大孔和连通孔增多，孔径分布范围增大，最可几孔径从未改性时的 7 nm 增加到 20 nm。

（4）PMMA 通过聚合反应在 SiO_2 气凝胶骨架粒子表面形成包覆膜，增大了粒子之间连接部位的面积，从而提高了 SiO_2 固体骨架的强度。分析纳米压痕测试结果可知，随着气凝胶中聚合物含量的增加，改性气凝胶的杨氏模量和硬度与空白气凝胶相比，分别提高了 15.1 倍和 13.7 倍。

3 纳米碳纤维联合聚甲基丙烯酸甲酯改性 SiO_2 气凝胶的制备及性能

3.1 引言

SiO_2 气凝胶在保温绝热、吸附、催化、航空航天、高能物理及医学等领域有着极大的应用前景和应用价值[179]。然而，在高温条件下，SiO_2 气凝胶对 3~8 m 红外波段内的热辐射几乎是完全透过的，热导率随温度的升高会急剧增大[188]，这就意味着要使气凝胶材料在高温环境中发挥较好的隔热效果，需要增加气凝胶的密度或消光系数来降低辐射热导率，而增加密度会使气凝胶的固体热导率相应增加，因此，通常考虑在气凝胶中掺入遮光剂来改善其高温隔热性能[189]。遮光剂是显著降低材料高温导热系数的关键组分，常用的遮光剂有炭黑[190]、SiC[191]、TiO_2[192]、$K_2Ti_6O_{13}$[193] 和 ZrO_2[194] 等。此外，由于单一组分的 SiO_2 气凝胶易碎，本身力学性能较差，这一缺点使其实际应用范围严重缩小[165]。

纳米碳纤维（carbon nanofibers，以下简称 CNFs）是一种新型亚微米增强纤维材料，它是化学气相生长碳纤维的一种形式，一般通过裂解气相碳氢化合物制备。纳米碳纤维的直径一般在150~400 nm，与碳纳米管相比，碳纳米纤维的制备更易于实现工业化生产[195]。碳纳米纤维有着优异的物理性能、力学性能和化学性能。研究表明，CNFs的抗拉强度可以达到2~5 GPa，平均弹性模量为300 GPa[196]。除了具有普通气相生长碳纤维的特性，如低密度、高比模量、高比强度和高导电性等性能外，CNFs还具有缺陷数量少、比表面积大及结构致密等优点[197]，这使得CNFs在纳米复合材料领域得到了广泛的应用。然而，纳米复合材料的性能往往会受到两个主要因素的影响，一个是纳米材料在基体材料中的分散程度，另一个是纳米材料表面与基体材料之间的黏结强度和能量。由于受到范德华力的影响，CNFs彼此吸引并相互缠结在一起，需要对其进行分散，才能够使其均匀分布在复合材料中。

本章首先对CNFs在水中的分散性进行了研究，对比了十二烷基硫酸钠（SDS）、聚丙烯酸（PAA）复合曲拉通（Tx100）、工业分散剂（D-180）以及十二烷基苯磺酸钠（SDBS）这4种表面活性剂对CNFs在水中分散性的影响，探讨了分散机理。然后选择了分散效果良好的SDS和SDBS，分别制备了添加不同浓度的SDS和SDBS的SiO_2气凝胶，并根据分型理论采用Frenkel-Halsey-Hill（FHH）方程定量描述了表面活性剂SDS和SDBS对SiO_2气凝胶表面粗糙度的影响。最后综合上述研究结果，以SDS作为分散剂制备了CNFs掺杂SiO_2气凝胶和CNFs/PMMA改性SiO_2气凝胶，并对其微观形貌、孔结构和红外透过率进行了表征和分析。

3.2 原料及设备

纳米碳纤维的基本物理性质如表 3-1 所示。

表 3-1　纳米碳纤维的物理性质

产品	平均直径 / nm	长度 / μm	密度 / (g/cm^3)	比表面积 / (m^2/g)	纯度 / %	来源
VGCF-H	150	10~20	0.08	13	95	日本昭和电工

在本章节研究中所使用的试剂如表 3-2 所示。

表 3-2　实验原料及试剂

试剂名称	分子式	规格	来源
十二烷基硫酸钠	$CH_3(CH_2)_{11}OSO_3Na$	分析纯	科密欧化学试剂有限公司
十二烷基苯磺酸钠	$CH_3(CH_2)_{11}C_6H_4SO_3Na$	分析纯	科密欧化学试剂有限公司
曲拉通	t-Oct-C_6H_4-$(OCH_2CH_2)x$ OH	分析纯	Sigma-Aldrich (St. Louis, MO)
聚丙烯酸	$(CH_2CHCOOH)n$	分析纯	国药集团化学试剂有限公司
工业分散剂 D-180	—	—	德国毕克公司
水玻璃	Na_2SiO_3	模数 3.1	大连庆安化学品有限公司
无水乙醇	CH_3CH_2OH	分析纯	沈阳化学试剂公司
氨水	$NH_3 \cdot H_2O$	分析纯	沈阳化学试剂公司
盐酸	HCl	分析纯	科密欧化学试剂有限公司

续表

试剂名称	分子式	规格	来源
偶氮二异丁腈	$(CH_3)_2C(CN)N{=}NC(CH_3)_2CN$	分析纯	沈阳化学试剂公司
正己烷	$CH_3(CH_2)_3CH_3$	分析纯	沈阳化学试剂公司
甲基丙烯酸甲酯	$CH_2{=}C(CH_3)COOCH_3$	分析纯	科密欧化学试剂有限公司
三甲基氯硅烷	$(CH_3)_3SiCl$	分析纯	国药集团化学试剂有限公司
3- 甲基丙烯酰氧丙基三甲氧基硅烷	$H_2C{=}C(CH_3)CO_2(CH_2)_3Si(OCH_3)_3$	98%	国药集团化学试剂有限公司
强酸性苯乙烯系阳离子交换树脂	—	—	上海汇珠树脂有限公司
去离子水	H_2O	—	实验室自制

在本章节研究中所使用的设备及仪器如表 3-3 所示。

表 3-3 实验仪器及设备

仪器设备	仪器型号	生产厂家
电子天平	AL204	梅特勒 - 托利多公司
电热恒温真空干燥箱	VD23	Binder GmbH Co.
超临界干燥设备	Polaron E3100	Quorum Technologies Ltd
超声处理清洗器	DS-3510DT	上海生析超声仪器有限公司
离心沉淀机	80-2	上海化工机械厂有限公司
紫外 / 可见分光光度计	UV-1600PC	上海美谱达仪器公司
激光粒度仪	Zetasizer Nano-ZS90	英国 MALVERN 仪器公司
表面张力仪	Tensiometer K100	德国 KRÜSS 仪器公司
透射电镜	Tecnai G2 Spirit	美国 FEI 公司

续表

仪器设备	仪器型号	生产厂家
全自动物理吸附仪	NOVA 4200e	美国康塔仪器公司
热常数分析仪	TPS 2500S	瑞典 Hot disk 公司

3.3 纳米碳纤维的分散

3.3.1 纳米碳纤维悬浮液的制备

按照试验要求配制不同表面活性剂浓度的 CNFs 悬浮液，首先称量一定质量的表面活性剂溶于去离子水中，机械搅拌至完全溶解，然后取出 5 mL 表面活性剂溶液，用作吸光度测试及 Zeta 电位测试的参比溶液。称取一定质量的 CNFs 浸于表面活性剂溶液中，机械搅拌 10 min，超声分散 15 min，得到 CNFs 悬浮液，CNFs 的质量浓度均为 0.05 g/L。将制备好的 CNFs 悬浮液迅速移入石英比色皿中，在波长 260 nm 处测试吸光度。

3.3.2 纳米碳纤维的分散性能研究

在室温下，利用紫外 / 可见分光光度计（UV-vis）测定 CNFs 悬浮液的吸光度，以此来定量表征悬浮液中 CNFs 的分散均匀性随表面活性剂浓度的变化情况。根据朗伯 - 比尔定律[198]：

$$A = \lg \frac{1}{T} = Ecl \tag{3.1}$$

其中，A 为吸光度；T 为透射比；E 为吸收系数；c 为被测溶液浓度，单位为 g/L 或 mol/L；l 为光路长度，单位为 cm。由此可知，当光路长度 l 一定时，溶液的吸光度与溶液浓度成正比。CNFs 在水中分散得越好，悬浮液的吸光度值越大。

Zeta 电位作为研究固体颗粒分散条件的重要依据，已在纳米材料科学研究中得到广泛应用。Zeta 电位绝对值的大小可以衡量表面活性剂电荷情况以及对固体颗粒吸附的强弱，从而判断表面活性剂分散的作用效果及所形成的悬浮液的稳定性。因此，测定不同表面活性剂浓度的 CNFs 悬浮液的 Zeta 电位可以对表面活性剂的分散效果及 CNFs 悬浮液的稳定性做进一步的表征。CNFs 表面的电荷密度越高，Zeta 电位的绝对值越大，CNFs 之间产生的静电排斥力越强，由此可以更好地克服范德华力的作用，使 CNFs 的分散效果越好，悬浮液越稳定。Zeta 电位测试样品的制备采用 3.3.1 中的制备方法，对制备好的 CNFs 悬浮液取上层清液，注入 Zeta 电位仪，进行测试，每组样品进样 3 次，每次重复记录 3 次，取平均值。

图 3-1 为 4 种表面活性剂在不同浓度下分散的 CNFs 悬浮液的 Zeta 电位和吸光度。在未添加表面活性剂时，CNFs 悬浮液的 Zeta 电位绝对值为 15.4 mV（pH=7），随着表面活性剂浓度的增加，CNFs 悬浮液的 Zeta 电位和吸光度均开始发生明显变化。如图 3-1（a）所示，SDS 为阴离子型表面活性剂，当它吸附在 CNFs 的表面时，悬浮液的 Zeta 电位开始减小。当 SDS 的浓度增加到 0.4 g/L 时，CNFs 表面电荷密度最大，此时悬浮液的 Zeta 电位绝对值达到最大值，为 65.4 mV。继续增加 SDS 浓度，CNFs 悬浮液的 Zeta 电位出现反常现象，绝对值开始减小。CNFs 悬浮液的吸光度曲线变化趋势与 Zeta 电位曲线相似，在 SDS 浓度增加到 0.4 g/L

时，吸光度达到最大值，继续增加 SDS 浓度，悬浮液的吸光度减小。由此说明，SDS 浓度为 0.4 g/L 时，CNFs 悬浮液的分散稳定性最好，此时 SDS 分子在 CNFs 表面的吸附达到饱和。继续增大表面活性剂浓度，会使 CNFs 悬浮液中电解质浓度过高，剩余的表面活性剂分子分布在扩散层中，分子中带相反电荷的离子进入吸附层，压缩双电层，使 CNFs 表面 Zeta 电位绝对值减小，CNFs 之间的静电排斥力随之减弱，造成 CNFs 发生二次团聚，悬浮液的稳定性降低[199]。

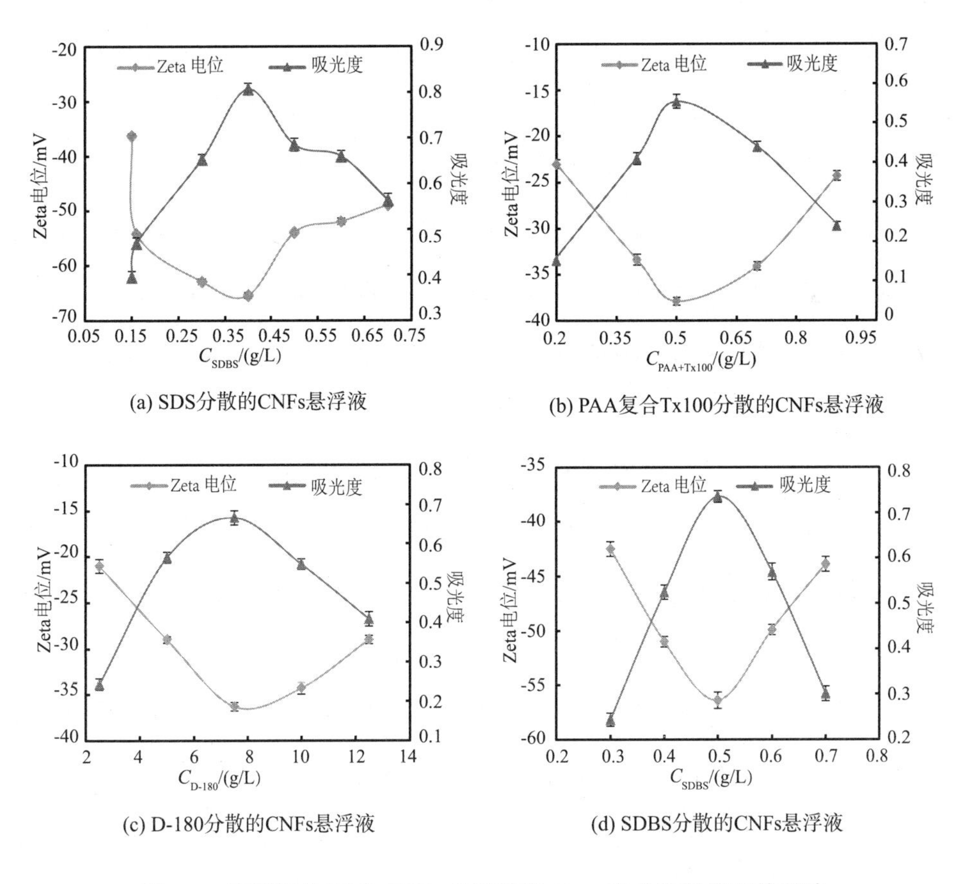

(a) SDS分散的CNFs悬浮液

(b) PAA复合Tx100分散的CNFs悬浮液

(c) D-180分散的CNFs悬浮液

(d) SDBS分散的CNFs悬浮液

图 3-1 表面活性剂对 CNFs 悬浮液的 Zeta 电位和吸光度的影响

图 3-1（b）为 PAA 复合 Tx100 分散的 CNFs 悬浮液的 Zeta 电位与吸光度曲线。当 PAA 复合 Tx100 的浓度为 0.5 g/L 时，CNFs 悬浮液的 Zeta 电位绝对值和吸光度达到最大，分别为 37.9 mV 和 0.555 g/L，此时的悬浮液体系最稳定，CNFs 分散状态最好。当表面活性剂浓度大于 0.5 g/L 时，CNFs 悬浮液的 Zeta 电位绝对值和吸光度随着表面活性剂浓度的增加而减小。图 3-1（c）和图 3-1（d）分别为 D-180 和 SDBS 分散的 CNFs 悬浮液的 Zeta 电位和吸光度曲线。观察发现，D-180 分散的 CNFs 悬浮液在表面活性剂浓度为 7.5 g/L 时最为稳定，而 SDBS 分散的 CNFs 悬浮液在表面活性剂浓度为 0.5 g/L 时，Zeta 电位绝对值和吸光度最大。

综合上述分析，得到了 4 种表面活性剂对 CNFs 的最佳分散浓度，即 CNFs 悬浮液分散状态最稳定时表面活性剂的浓度。通过对比可以看出，SDS 和 SDBS 在各自最佳浓度下分散的 CNFs 悬浮液 Zeta 电位的绝对值较大，分别为 65.4 mV 和 56.4 mV，说明 SDS 和 SDBS 分散的 CNFs 悬浮液的稳定性明显优于另外两种表面活性剂。

图 3-2 为 20 ℃时 4 种表面活性剂溶液在最佳分散浓度时的表面张力。表面活性剂的加入可以降低水的表面张力，增加 CNFs 在水中的溶解度。SDS 溶液和 SDBS 溶液在最佳分散浓度时的表面张力分别为 28.8 mN/m 和 29.9 mN/m，明显小于 D-180 和 Tx100。水在 20 ℃时的表面张力为 72.8 mN/m，与之相比，SDS 溶液和 SDBS 溶液在最佳分散浓度时的表面张力分别降低了 60.4% 和 59%，说明 SDS 和 SDBS 对 CNFs 的润湿性明显优于 D-180 和 Tx100。

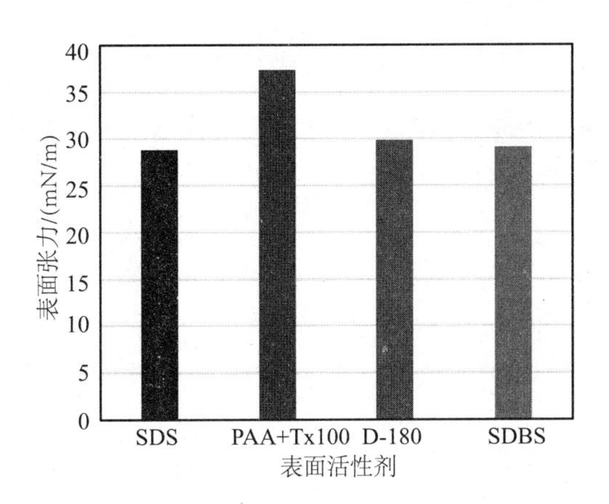

图 3-2　表面活性剂溶液的表面张力

CNFs 悬浮液的延时稳定性是表征表面活性剂对 CNFs 分散效果的一个量度，而且，CNFs 悬浮液的延时稳定性越好，越有利于制备内部结构均匀的 CNFs 复合材料。为了表征 CNFs 悬浮液的延时稳定性，分别采用 4 种表面活性剂的最佳分散浓度制备了 0.05 g/L 的 CNFs 悬浮液，并以薄膜封口，于室温下静置 90 h，每隔一定时间取上层悬浮液测试吸光度。图 3-3 为 4 种 CNFs 悬浮液的吸光度随时间的变化曲线。可以看出，在初始阶段，SDS 与 SDBS 分散的 CNFs 悬浮液吸光度较大，说明 SDS 和 SDBS 初始分散效果较好。随着静置时间的延长，CNFs 悬浮液的吸光度均开始下降。当静置时间超过 24 h 时，4 种 CNFs 悬浮液的吸光度下降幅度开始有所减小，曲线逐渐趋于平缓。SDS 分散的 CNFs 悬浮液在整个静置过程中吸光度值始终大于其他 3 种表面活性剂，所以从 CNFs 悬浮液分散稳定持续时间看，SDS 效果最好。在制备 CNFs 复合 SiO_2 气凝胶时，需要保证凝胶发生前，分散的 CNFs 能够在溶胶中保持良好的稳定性。分析曲线数据可知，SDS 分散的 CNFs 悬浮液在初始 2 h 内吸光度下降 4.2%，而 SDBS 分散的 CNFs 悬浮液在初始 2 h 内吸光度变化最小，仅下降了 2.8%，与其他表面活性剂相比，在初始 2 h 内 SDBS 分散的 CNFs 悬浮液稳定性更好。

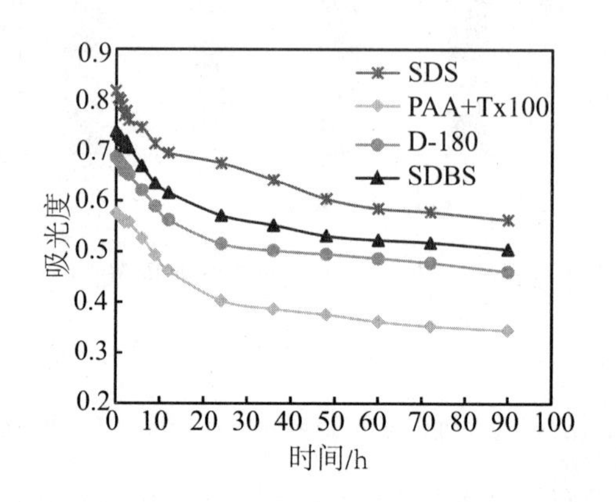

图 3-3　CNFs 悬浮液的吸光度随时间的变化

图 3-4 为静置 7 天后 4 种表面活性剂在各自最佳分散浓度下的 CNFs 悬浮液，通过对比可以看出，采用 SDS 分散的 CNFs 悬浮液中未见明显沉淀，SDBS 分散的 CNFs 悬浮液中有少量沉淀，但并不明显，PAA 复合 Tx100 分散的 CNFs 悬浮液和 D-180 分散的 CNFs 悬浮液中均能观察到杯底有一定量的黑色沉淀物，说明 SDS 和 SDBS 对 CNFs 的分散效果更好，CNFs 悬浮液具有更好的稳定性。

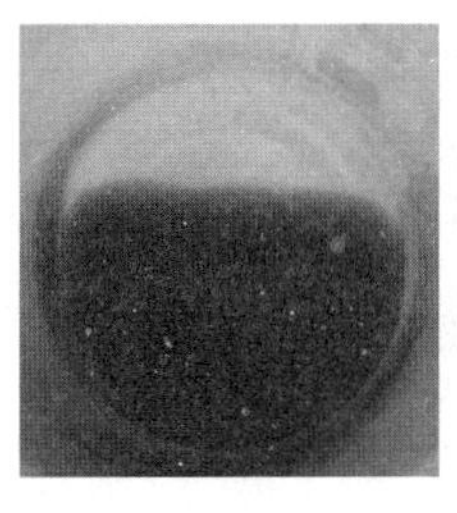
(a) SDS

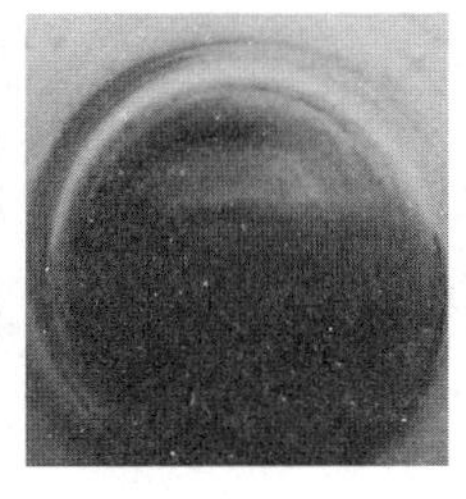
(b) PAA复合Tx100

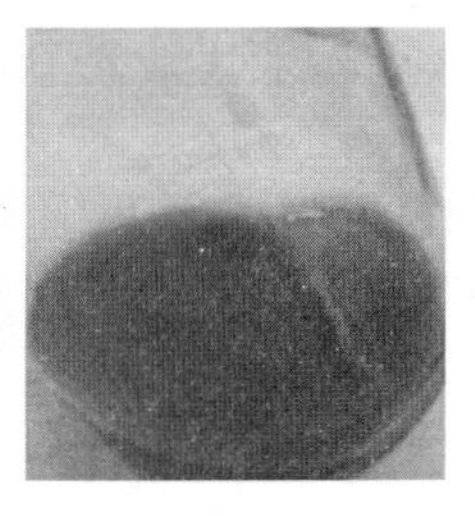
(c) D-180

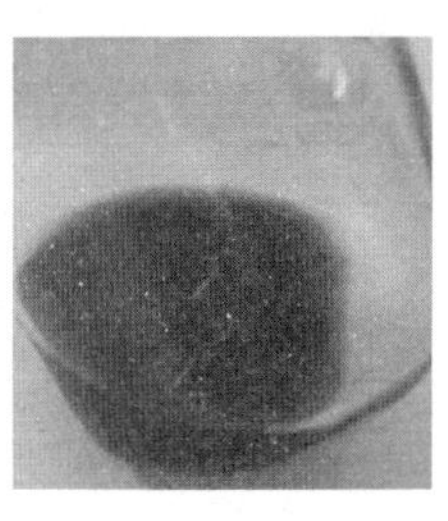
(d) SDBS

图 3-4　静置 7 天后 CNFs 悬浮液的状态

透射电镜是表征 CNFs 分散状态最直接的方法。通过在较高放大倍数下观察，可以初步判定 CNFs 的分散状态是否均匀。为此，本研究分别制备了 SDS（0.4 g/L）和 SDBS（0.5 g/L）在最佳分散浓度下的 CNFs 悬浮液（0.05 g/L），吸取 CNFs 悬浮液上层清液 5~8 滴，滴于铜网碳膜微栅上，空气干燥 2~3 min，之后放在透射电镜下进行观察。图 3-5 为分散前后的 CNFs 对比。观察发现，未经表面活性剂分散的 CNFs 缠结团聚在一起，几乎无法找到单根 CNFs 存在。采用 SDBS 分散的 CNFs 团聚现象得到明显改善，可以观察到松散的 CNFs，且形貌清晰。而采用 SDS 分散的 CNFs 几乎无团聚缠绕现象，单根的 CNFs 形貌清晰且完整。

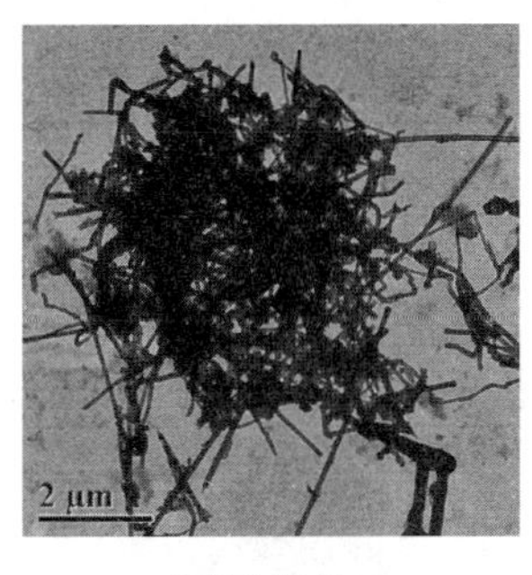

(a) 未经分散的CNFs

(b) SDS分散CNFs悬浮液

(c) SDBS分散CNFs悬浮液

图 3-5　CNFs 分散前后的 TEM 图像

3.3.3 纳米碳纤维的分散机理讨论

CNFs 能够在水中实现分散是由于表面活性剂分子降低了 CNFs 与水的接触界面的表面张力。表面活性剂分子由亲水基团和疏水基团组成，在水溶液中，表面活性剂分子会吸附在 CNFs 的表面，这种吸附作用不会破坏 CNFs 的结构与电学性质，而是在 CNFs 表面产生一种非共价键修饰，表面活性剂分子的疏水基团吸附在 CNFs 的表面，亲水基团与水相互作用，从而实现 CNFs 在水中的分散。

SDS、SDBS 和 PAA 均为阴离子型表面活性剂，在水溶液中，表面活性剂发生电离，带负电的部分具有表面活性。以 SDS 为例，在水溶液中 SDS 会电离成带有较长烷基链的表面活性剂离子（$CH_3(CH_2)_{10}OSO_3^-$）和带有相反电荷的离子（Na^+），带负电荷的表面活性剂离子通过疏水端吸附在 CNFs 的表面，亲水端钻入水中，在 CNFs 表面形成了吸附膜，增大了 CNFs 的润湿性。图 3-6 为透射电镜下观察到的 SDS 对 CNFs 的分散，可以看到单根 CNFs 表面的 SDS 吸附膜以及水溶液中形成的 SDS 胶束。单根 CNFs 结构完整，没有受到超声的破坏。带负电的表面活性剂离子（$CH_3(CH_2)_{10}OSO_3^-$）通过静电排斥力的作用，克服了 CNFs 之间的范德华力，使 CNFs 不再缠结团聚，而是呈单根分散状态分布于水溶液中。

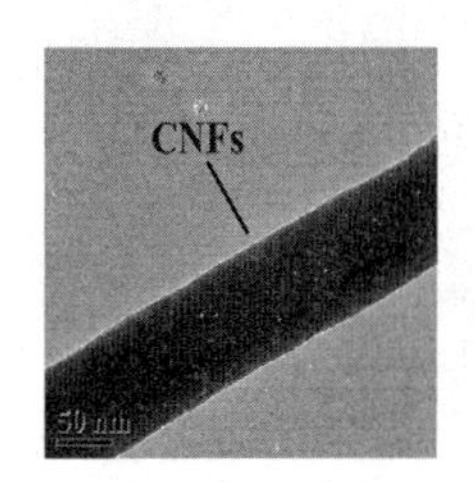

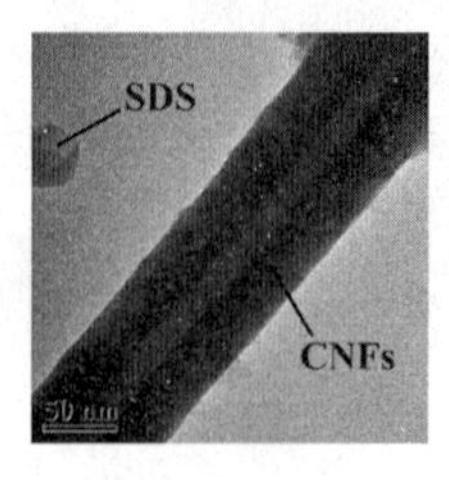

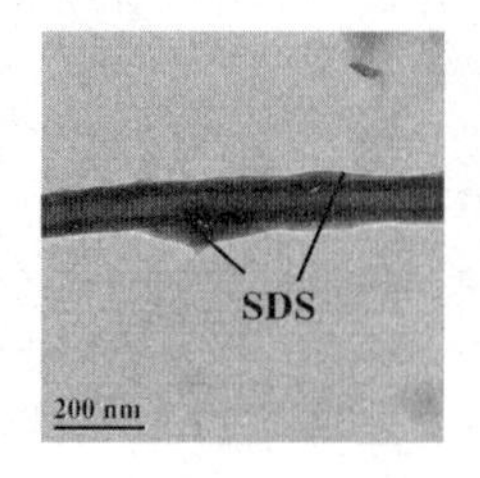

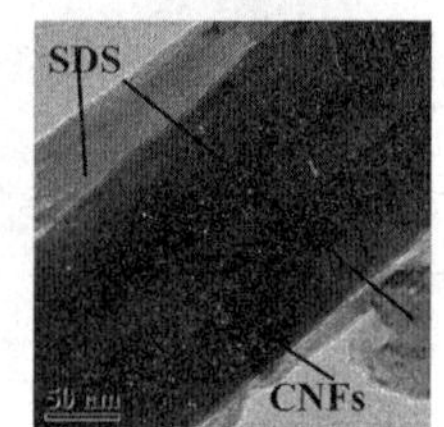

图 3-6 CNFs 表面吸附 SDS 的 TEM 图像

作为非离子型表面活性剂的 Tx100 则可以通过亲水基团所产生的空间位阻阻止 CNFs 缠结团聚，保持 CNFs 悬浮液的稳定性[200]。根据所谓的“拉链”机理[201]，在水溶液中，非离子表面活性剂可以进入互相缠结的 CNFs 和单根 CNFs 之间，其亲水链会朝向溶液中，阻止 CNFs 团聚。工业分散助剂 D-180 溶解在水中后会明显增加水溶液的黏度，因此可以增大 CNFs 之间的阻力，阻止其团聚。从 Zeta 电位的测试结果可知，D-180 在水溶液中也会电离出具有表面活性的阴离子，吸附在 CNFs 表面，使悬浮液的 Zeta 电位绝对值增大。通过静电斥力的作用，使 CNFs 悬浮液保持稳定。

在 CNFs 悬浮液静置过程中，随着时间的延长，烧杯底部会观察到一定量的 CNFs 沉淀，悬浮液的吸光度也会随之降低。这是由于表面活性剂在 CNFs 表面的吸附只是一种物理作用，并没有形成化学键合，所以随着时间的延长，表面活性剂分子所形成的吸附膜会发生解析，分子间的静电排斥力减弱，造成 CNFs 发生再次团聚而沉淀[202]。

3.4 表面活性剂对气凝胶结构性能的影响

气凝胶的介孔结构决定了其独特的性能，表面活性剂的加入会在一定程度上影响气凝胶的孔结构及孔分布。通过 3.3 节对 CNFs 在水中的分散性能研究可知，表面活性剂 SDS 和 SDBS 对 CNFs 在水中的分散效果最好。为了制备性能突出的 CNFs 掺杂 SiO_2 气凝胶和 PMMA/CNFs 改性 SiO_2 气凝胶，在保证 CNFs

在硅溶胶中分散稳定性良好的同时，需要进一步探究表面活性剂对 SiO_2 气凝胶孔结构的影响。

3.4.1 添加表面活性剂的SiO_2气凝胶的制备

表面活性剂的添加量根据其临界胶束浓度来确定。SDS 的临界胶束浓度为 8.2 mmol/L，SDBS 的临界胶束浓度约为 1.2 mmol/L。本节实验中分别采用 SDS 和 SDBS 临界胶束浓度的 1 倍和 10 倍的添加量来制备气凝胶，具体制备过程如下。

量取 10 mL 水玻璃，用去离子水以 3∶1 的体积比稀释并充分搅拌，将稀释后的水玻璃溶液逐滴通过强酸性苯乙烯系阳离子交换树脂（直径为 5 cm，长度为 40 cm）进行离子交换，除去钠离子，得到 pH=2~2.4 范围内的硅酸溶液。取一定质量表面活性剂溶于 10 mL 硅酸溶液中并搅拌均匀，以 1 mL/L 的氨水作为催化剂，调节混合溶液的 pH 至 5.2~5.5，搅拌 1 min，迅速将溶液注入聚丙烯模具中，于室温下静置，待其转化为凝胶。凝胶形成后于室温下老化 24 h，之后将其从模具中取出，蒸馏水洗涤 4 次，移入体积分数为 50% 的乙醇溶液中浸泡 24 h，每 8 h 更换一次乙醇溶液。然后移入 100% 的乙醇中再浸泡 24 h，每 8 h 更换一次乙醇，完成溶剂交换，同时除去表面活性剂及残留溶液。最后利用 CO_2 超临界干燥工艺得到气凝胶。具体操作步骤如下。

（1）首先在干燥设备的样品室中加入 150 mL 乙醇，并降温至 10 ℃，将凝胶放入样品室。

（2）打开进气阀门，使 CO_2 缓慢溶于乙醇，1 h 以后，打开排气阀门，利用 CO_2 对乙醇进行置换，循环三次后，放置 24 h，继续置换 5 次，直至回收得到全部乙醇。

（3）置换完成后，将样品室的 2/3 充满液态 CO_2，升高温度至 35 ℃，同时样品室内压力上升到 8 MPa，保持 1 h，直至样品室内气 - 液界面消失，CO_2 达到超临界状态，然后打开排气阀门，使 CO_2 缓慢排出干燥设备，排气耗时大于 8 h 为佳。

3.4.2 N_2吸附–脱附曲线及孔径分布

图 3-7 为添加表面活性剂的 SiO_2 气凝胶的 N_2 吸附 - 脱附曲线。通过分析图中曲线可知，添加表面活性剂的 SiO_2 气凝胶与纯 SiO_2 气凝胶的 N_2 吸附 - 脱附曲线均为Ⅳ型，在中高压段存在 H1 型回滞环，说明气凝胶的孔结构为介孔结构。

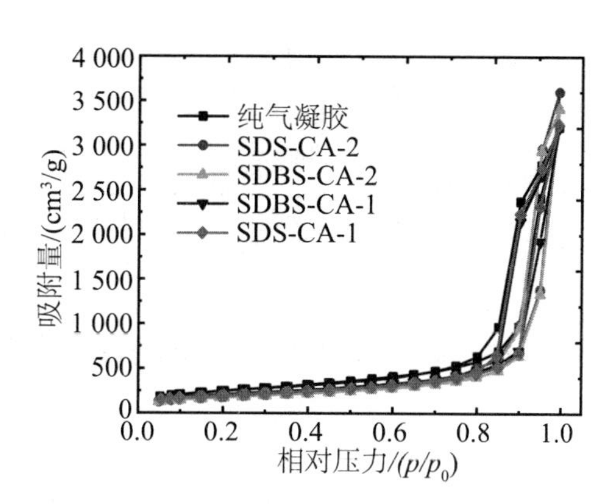

图 3-7 添加表面活性剂的 SiO_2 气凝胶 N_2 吸附 - 脱附曲线

图 3-8 为根据 BJH 法由脱附等温线计算得到的气凝胶的孔径分布曲线。从孔径分布曲线来看，未添加表面活性剂的 SiO_2 气凝胶的孔径主要分布在 12~25 nm，最可几孔径约为 17 nm，在 10~15 nm 范围内存在一小峰。随着表面活性剂浓度的增加，SiO_2 气凝胶孔径分布范围逐渐变宽，孔径分布曲线向孔径尺寸增大的方向移动。样品 SDS-CA-2 的表面活性剂浓度为 10 倍 SDS 临界胶团浓度，其孔径分布主要集中在 20~35 nm，最可几孔径为 28 nm。SDBS-CA-2 的表面活性剂浓度为 10 倍 SDBS 临界胶团浓度，孔径分布范围集中在 20~30 nm，最可几孔径比 SDS-CA-2 小，约为 25 nm。

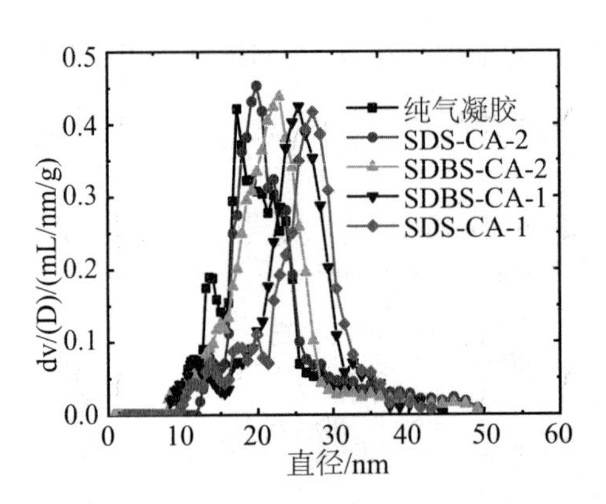

图 3-8　添加表面活性剂的 SiO_2 气凝胶孔径分布曲线

表 3-4 为添加表面活性剂的 SiO_2 气凝胶的孔结构参数。通过分析表中数据可以看出，随着表面活性剂浓度的增加，SiO_2 气凝胶的体积密度增加，总孔体积增大，比表面积下降，平均孔直径增加。这是由于表面活性剂在溶胶中的浓度增加会造成凝胶反应初期孔结构中有更多空间被表面活性剂填充，特别是当

表面活性剂的浓度较大时，在硅溶胶中会形成数量更多的胶束，凝胶形成以后，随着后续的溶剂交换、洗涤以及加热干燥等过程的进行，部分表面活性剂会被除去，从而使气凝胶的孔体积增加，孔直径增大。

表 3-4 添加表面活性剂的 SiO_2 气凝胶的基本性质

样品	表面活性剂 / (mmol/L)	体积密度 / (g/cm^3)	比表面积 / (m^2/g)	总孔体积 / (cm^3/g)	平均孔直径 / nm
纯气凝胶	0	0.132 ± 0.003	849	5.055	23.8
SDS-SA-1	8.2	0.138 ± 0.002	773	5.293	27.4
SDS-SA-2	82	0.146 ± 0.003	744	5.570	29.9
SDBS-SA-1	1.2	0.135 ± 0.002	805	5.139	25.5
SDBS-SA-2	12	0.141 ± 0.004	786	5.435	27.7

3.4.3 添加表面活性剂的气凝胶的微观形貌

图 3-9 为扫描电镜下观察的添加不同浓度表面活性剂的 SiO_2 气凝胶的微观形貌。可以看出，SiO_2 气凝胶呈现出连续无规则的三维网络状结构。表面活性剂的加入使 SiO_2 气凝胶的凝胶粒子增大，骨架结构尺寸增粗，所以在一定程度上会增强气凝胶的强度，图 3.9(c) 中可以观察到凝胶粒子被包裹后聚集。图 3.9(b) 和图 3.9(c) 为添加不同浓度 SDS 的 SiO_2 气凝胶，图 3.9(d) 和图 3.9(e) 为添加不同浓度 SDBS 的 SiO_2 气凝胶，观察发现，随着表面活性剂浓度的增加，气凝胶的骨架增粗，孔直径明显增大，这与表 3-4 中通过物理吸附得到的孔径分析结果相吻合。表面活性剂胶束的数量随着其浓度的增加而增

加，在凝胶形成时填充凝胶中的部分空间，之后通过后续的溶剂交换、洗涤以及加热干燥等过程，部分表面活性剂被除去，使气凝胶的孔体积增加，孔直径增大。

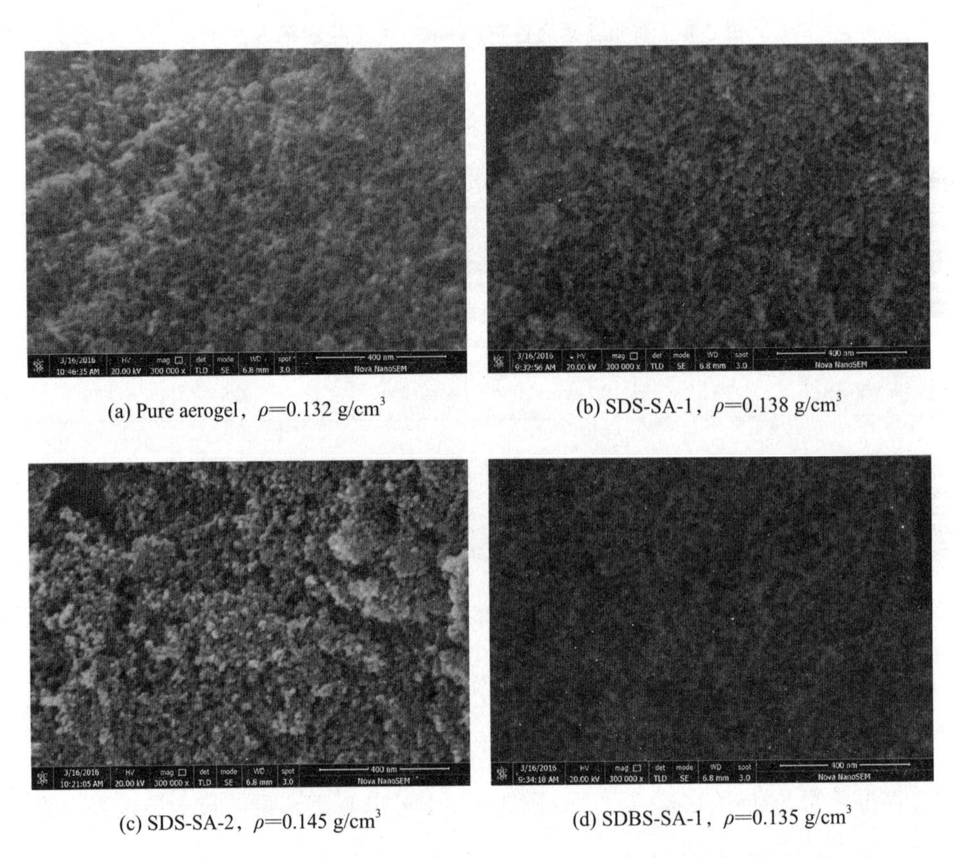

(a) Pure aerogel，ρ=0.132 g/cm^3　(b) SDS-SA-1，ρ=0.138 g/cm^3

(c) SDS-SA-2，ρ=0.145 g/cm^3　(d) SDBS-SA-1，ρ=0.135 g/cm^3

图 3-9　添加表面活性剂的 SiO_2 气凝胶的微观形貌

(e) SDBS-SA-2，ρ=0.141 g/cm^3

图 3-9 添加表面活性剂的 SiO_2 气凝胶的微观形貌（续）

3.4.4 添加表面活性剂的气凝胶表面分形特征

由于多孔材料的孔结构和孔分布对材料的性能有显著影响，那么分析材料孔结构特征及其成因尤为重要。特别是表面活性剂存在的情况下，材料的孔结构会受到一定程度的影响。表面活性剂不仅可以在溶液中形成球型、棒状或层状等形状的胶束，还可以在材料中形成层状、立方形、六角形或三维虫洞状的结构组织[203]。因此也常被用来制备或修饰各种特殊孔结构的多孔硅材料[203-207]。上文我们通过物理吸附和扫描电镜观察初步讨论了表面活性剂对 SiO_2 气凝胶孔结构及孔分布的影响。本节主要采用分形理论，定量描述气凝胶表面结构的不规则程度或称粗糙度。

分形理论作为现代数学的一个新的分支，是研究多孔固体材料表面粗糙程度的常用理论。描述分形特征的定量参数分形维数是一个从分子水平上度量表面不规则程度或粗糙度的参数，也反映了该表面对三维空间的填充程度[208]。按照分形理论，分形体系具有统计自相似性和标度不变性[209]。研究表明，作

为介孔材料的 SiO_2 气凝胶具有质量分形和表面分形两种分形特征。质量分形是指在初级粒子形成的固体网络结构中，材料的质量 M 随半径 R 呈指数函数变化，即 $M \propto R^{D_m}$，D_m 为质量分形维数，且 $1 \leqslant D_m < 3$；表面分形是指材料的质量在欧式空间中随半径 R 变化，但其比表面积 S 随半径 R 增加更快，即 $S \propto R^{D_s}$ 为表面分形维数，且 $2 < D_s < 3$，D_s 越接近于 2，则说明表面越规则，越光滑，该值越接近于 3，则说明表面越不规则，越粗糙，对空间的填充能力越强 [210,211]。

分形维数的计算通常源于改变观察尺度求维数法、物理吸附法、压汞法及小角 X 射线散射法等试验所得的数据。对于气凝胶材料，由于其网络结构脆弱，且内部孔隙为介孔，所以其分形特征的表征通常采用物理吸附法，并基于吸附等温线提出了若干计算表面分形维数的方法，如改变粒度法 [212]、BET 方程 [208]、Langmuir 方程 [208]、Frenkel-Halsey-Hill（FHH）方程 [213] 和热力学方法 [214] 等。

本节由经典的 FHH 方程通过分析吸附等温线来计算 SiO_2 气凝胶的表面分形维数。FHH 方程首先在 1940 年代末被提出用于描述平整固体表面的多层吸附 [215–217]，其基本形式如下：

$$V/V_{\mathrm{m}} \approx \left[RT\log\left(P_0/P\right)\right]^{-1/s} \tag{3.2}$$

其中，V/V_m 表示表面覆盖度；V 表示平衡压力为 P 时所吸附的气体体积；V_m 为单分子层吸附的气体体积；P_0 为实验温度下吸附质的饱和蒸气压；S 是与等温线形状相关的特征参数，当吸附质与吸附剂之间只有色散力作用时 S=3，但由于吸附质与吸附剂之间的范德华力作用，实际固体的 S 值约为 2.5~2.7。

Pfeifer 等 [218–220] 提出了基于 FHH 方程的真实固体材料表面分形维数计算方法，在多层吸附建立的初期阶段，固体材料与吸附质之间的主要作用力为范德华力，FHH 方程可表达为如下形式：

$$V/V_{\mathrm{m}} \approx \left[RT\log\left(P_0/P\right)\right]^{-(3-D_{\mathrm{s}})/3} \quad (3.3)$$

当吸附质不断吸附于固体材料表面并达到高度覆盖时，吸附作用主要由固体材料与吸附质的液 / 气间表面张力控制，即受毛细凝结作用控制，这与它们的吸附 - 脱附曲线都存在“滞后环”的现象一致，FHH 方程为如下形式：

$$V/V_{\mathrm{m}} \approx \left[RT\log\left(P_0/P\right)\right]^{-(3-D_{\mathrm{s}})} \quad (3.4)$$

其中，P_0 为实验温度下吸附质的饱和蒸气压；P 表示平衡压力；V 表示平衡压力为 P 时的 N_2 吸附量；V_{m} 为单分子层吸附的气体体积；D_{s} 为表面分形维数。对 FHH 方程 3.3 和 3.4 两边同时取对数，由双对数曲线的斜率即可计算得到表面分形位数 D_{s}。表面分形维数 D_{s} 值越大，固体材料的表面粗糙度越大。

$$\log\left(V/V_m\right) = C + \left(D_s - 3\right)\log\left[\log\left(P_0/P\right)\right] \quad (3.5)$$

$$\log\left(V/V_{\mathrm{m}}\right) = C + \left(\left(D_{\mathrm{s}} - 3\right)/3\right)\log\left[\log\left(P_0/P\right)\right] \quad (3.6)$$

当 $\log\left(V/V_m\right)$ 与 $\log\left[\log\left(P_0/P\right)\right]$ 之间有良好线性关系时，说明该固体材料有较好的分形特征。在实际运用过程中，根据 Pfeifer 和 Ismail 的研究结果 [218,220,221]，可以通过公式 3.7 判断确定吸附质与固体材料之间的作用力是上述哪种力占主导作用。

$$\delta = 3\left(1+S\right) - 2 \quad (3.7)$$

其中，S 表示 $\log(V/V_m)$ 与 $\log[\log(P_0/P)]$ 线性关系的斜率，当 $\delta \geqslant 0$ 时，固体材料与吸附质间的范德华力占主导作用，当 $\delta < 0$ 时，固体材料与吸附质的液 / 气间表面张力占主导作用。

图 3-10 为 N_2 吸附等温线计算得到的 $\log V$ 与 $\log\log(P_0/P)$ 的关系曲线，气凝胶的表面分形维数计算结果列于表 3-5。通常经过对数运算处理的吸附曲线数据，在相对压力 (P/P_0) 为 0.4~0.9 范围内满足 FHH 方程，经拟合后会呈直线关系 [222]。通过观察图 3-10 中的数据点可知，在相对压力为 0.4~0.9 范围内，经拟合，$\log V$ 与 $\log\log(P_0/P)$ 呈良好的线性关系，说明添加表面活性剂的 SiO_2 气凝胶与纯 SiO_2 气凝胶都表现出了明显的分形特征。当相对压力继续增大，高于 0.9 时，从图 3-7 中可以看出 N_2 吸附量急剧增加，毛细管凝结，样品内部结构被 N_2 分子填充，多层吸附达到饱和，使结构变得越来越光滑平整，这时得到的表面分形维数已不能准确描述气凝胶表面的粗糙程度 [223]。相对压力低于 0.4 时，N_2 分子在被测样品内呈单分子层吸附，对应的吸附数据点不适用于 FHH 方程，因而图 3-10 中部分实验数据点偏离拟合直线。

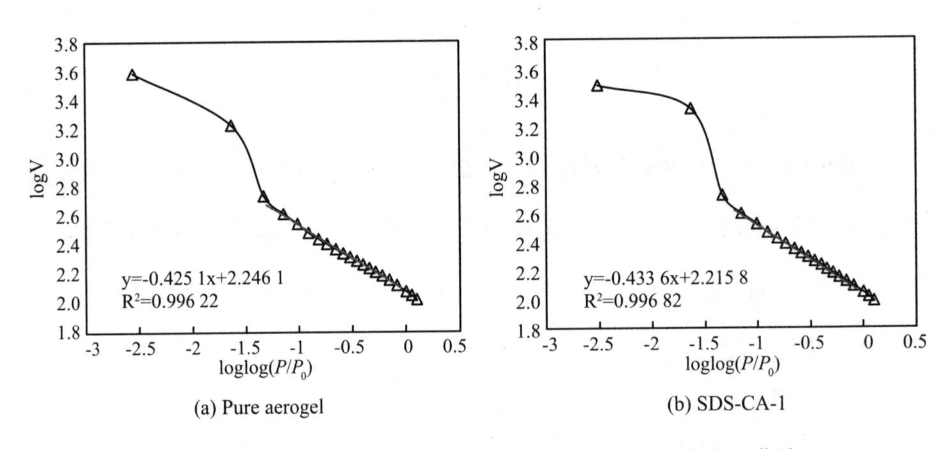

(a) Pure aerogel (b) SDS-CA-1

图 3-10 N_2 吸附等温线得到的 $\ln\ln(P/P_0)$ 与 $\log V$ 的关系曲线

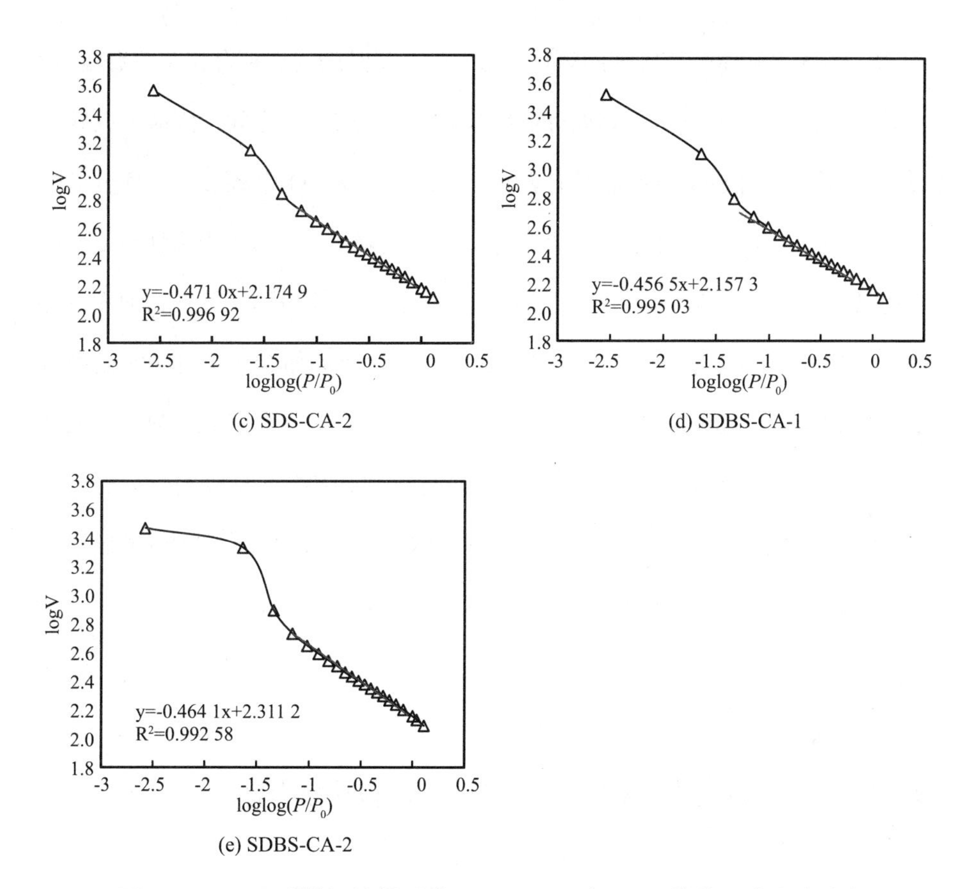

(c) SDS-CA-2

(d) SDBS-CA-1

(e) SDBS-CA-2

图 3-10　N_2 吸附等温线得到的 $\log\log(P/P_0)$ 与 $\log V$ 的关系曲线（续）

表 3-5　添加表面活性剂的 SiO_2 气凝胶的孔隙特征和表面分形位数

样品	表面活性剂 / (mmol/L)	体积密度 / (g/cm³)	相关系数	表面分形维数
Pure aerogel	0	0.132 ± 0.003	0.996 22	2.574 9
SDS-CA-1	8.2	0.142 ± 0.002	0.996 82	2.566 4
SDS-CA-2	82	0.155 ± 0.002	0.996 92	2.529 0
SDBS-CA-1	1.2	0.134 ± 0.004	0.995 03	2.543 5
SDBS-CA-2	12	0.138 ± 0.002	0.992 58	2.535 9

从表 3-5 中表面分形维数的计算结果来看，样品的线性拟合相关系数很高，均达到 0.99 以上，并且所得表面分形维数 Ds 均在 2.5~2.6 之间，因而可以确定添加表面活性剂的 SiO_2 气凝胶具有表面分形特征。纯 SiO_2 气凝胶的表面分形维数最大，为 2.574 9，添加了表面活性剂的 SiO_2 气凝胶，随着表面活性剂浓度的增加，表面分形维数逐渐减小，最小可达 2.529 0。说明表面活性剂的加入，使气凝胶表面复杂程度降低，即表面粗糙度降低。对比添加 SDS 和 SDBS 两种表面活性剂的 SiO_2 气凝胶可以看出，当 SDS 和 SDBS 的浓度为各自临界胶团浓度的 10 倍时，添加 SDS 的气凝胶表面粗糙度比添加 SDBS 气凝胶表面粗糙度更低，孔结构的均匀性更好，所以，综合考虑对 CNFs 的分散效果和对气凝胶结构的影响，在制备 CNFs 掺杂 SiO_2 气凝胶时选用 SDS 作为分散剂。

3.5 CNFs/PMMA 改性气凝胶的制备

3.5.1 CNFs/PMMA改性SiO_2气凝胶的制备

取 10 mL 水玻璃，用去离子水以 3∶1 的体积比将其稀释并充分搅拌。稀释后的水玻璃溶液逐滴通过强酸性苯乙烯系阳离子交换树脂（直径为 5 cm，长度为 40 cm）进行离子交换，除去钠离子，得到 pH=2~2.4 范围内的硅酸溶液。将 SDS 溶于硅酸溶液，搅拌至溶解均匀，取一定质量的 CNFs 加入混合溶液中，机械搅拌 10 min，超声分散 15 min，形成 CNFs 悬浮液，CNFs 采用 1 wt%、3 wt% 和 5 wt% 三种浓度。以 1 mol/L 的氨水作为催化剂，调节 CNFs/ 硅酸混合溶液的 pH 至 5.2~5.5，搅拌 1 min，迅速将溶液注入聚丙烯模具中，于室温下静置，待其转化为凝胶。凝胶形成后于室温下老化 24 h，随后将其从模具中取出，移入体积分数为 50% 的乙醇溶液中浸泡继续 24 h，每 8 h 更换一次乙醇溶液。然后将凝胶移入 100% 的乙醇中再浸泡 24 h，期间每 8 h 更换一次乙醇。

将一定量的 TMSPM 溶于乙醇中，充分搅拌形成混合溶液，将溶剂交换后的 CNFs 掺杂凝胶浸泡于混合溶液中 24 h，随后在 50 ℃水浴加热条件下反应 24 h，使 TMSPM 分子的甲氧基直接与 SiO_2 粒子表面的 Si-OH 发生缩醇反应，形成 Si–O–Si 键，用乙醇清洗凝胶以除去残余 TMSPM 溶液。将表面被 TMSPM 分子修饰的 SiO_2 凝胶浸泡于甲基丙烯酸甲酯 / 乙醇溶液中 24 h，使聚合物单体通过渗透进入凝胶孔洞。随后移入自由基引发剂偶氮二异丁腈（AIBN）/ 乙醇溶液中，浸泡 2 h 后在 70 ℃下引发聚合反应。将聚合物改性后的凝胶用正己烷（n-Hexane）浸泡洗涤 3 次，每次 8 h，以除去残留溶剂并交换凝胶孔洞中的乙醇。将凝胶于室温下干燥 24 h，后转入真空干燥箱中 50 ℃干燥 24 h，最后得到 CNFs/PMMA 改性 SiO_2 气凝胶，制备过程如图 3-11 所示。

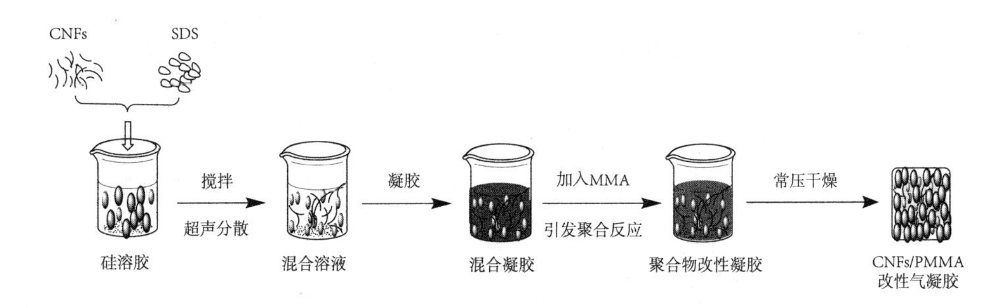

图 3-11 CNFs/PMMA 改性 SiO_2 气凝胶的制备过程

3.5.2 CNFs掺杂SiO_2气凝胶的制备

采用 1 mol/L 的氨水溶液作为催化剂，调节 CNFs/ 硅酸混合溶液的 pH 值至 5.2~5.5，搅拌 1 min，迅速将溶液注入聚丙烯模具中，于室温下静置，待其转化为凝胶。凝胶形成后于室温下老化 24 h，之后将其从模具中取出，移入体积分数为 50% 的乙醇溶液中浸泡 24 h，8 h 更换一次乙醇溶液。然后移入 100% 的乙醇中再浸泡 24 h，以增强凝胶的网络结构，同时交换孔隙水，8 h 更换一次乙醇。

为了在常压干燥条件下得到 CNFs 掺杂 SiO_2 气凝胶块体，对湿凝胶进行了疏水改性，在 50 ℃水浴条件下用 EtOH/TMCS/ n-Hexane 溶液（EtOH 与 TMCS 的物质的量之比为 2∶3，TMCS 与凝胶的体积比为 1∶1）对老化后的凝胶进行一步溶剂交换 / 表面改性处理 24 h，改性完成后用 n-Hexane 溶液洗涤，以除去凝胶中的残余溶液。

将湿凝胶放入真空干燥箱，在 50 ℃、80 ℃下各干燥 2 h，然后在 120 ℃、150 ℃下各干燥 1 h，得到 CNFs 掺杂 SiO_2 气凝胶。

3.5.3 CNFs/PMMA改性SiO_2气凝胶的微观形貌及孔结构

图 3-12 为 CNFs 掺杂 SiO_2 气凝胶及 CNFs/PMMA 改性 SiO_2 气凝胶的微观形貌。其中，图 3–12(a)、图 3–12(b) 和图 3–12(c) 为 CNFs/PMMA 改性 SiO_2 气凝胶的透射电镜照片，可以看出，在气凝胶中存在单根的 CNFs，说明 SDS 对 CNFs 在气凝胶中的分散起到了一定的作用。同时，PMMA 的引入使气凝胶的骨架结构增粗，粒子之间的串珠状链接不再明显，部分凝胶粒子覆盖在 CNFs 表

面。图 3-12(d) 中 CNFs/PMMA 改性 SiO_2 气凝胶的扫描电镜照片可以清楚地观察到，气凝胶的网络骨架紧密缠绕包裹在 CNFs 的表面。图 3-12(e) 和图 3–12(f) 分别为未改性的 SiO_2 气凝胶和 CNFs 掺杂 SiO_2 气凝胶，由于未经 PMMA 改性，气凝胶的结构疏松，呈海绵状，凝胶骨架与 CNFs 结合良好。通过对气凝胶微观形貌的观察及制备过程中对凝胶的对比，可以知道，CNFs 的引入可以提高气凝胶的强度，PMMA 改性使气凝胶骨架结构增粗，力学性能也会得到改善。本章制备的三种气凝胶强度顺序依次为：CNFs/PMMA 改性 SiO_2 气凝胶 >CNFs 掺杂 SiO_2 气凝胶 > 纯 SiO_2 气凝胶。

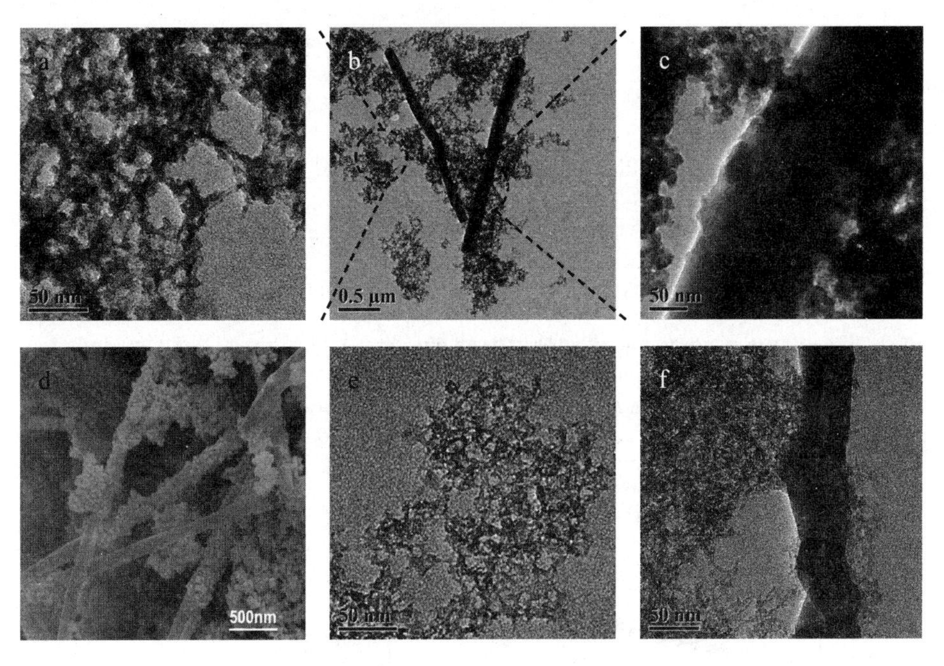

图 3-12　CNFs/PMMA 改性 SiO_2 气凝胶的微观形貌

图 3-13 为 CNFs 掺杂 SiO_2 气凝胶及 CNFs/PMMA 改性 SiO_2 气凝胶的 N_2 吸附 - 脱附曲线和孔径分布曲线。纯 SiO_2 气凝胶和 CNFs 掺杂 SiO_2 气凝胶（CA-1、CA-2 和 CA-3）的吸附 - 脱附曲线均属于Ⅳ型，在中高压段存在 H1 型回滞环，为典型的介孔材料。孔径分布曲线根据 BJH 法由脱附等温线计算得到。从孔径分布曲线来看，纯 SiO_2 气凝胶和 CNFs 掺杂 SiO_2 气凝胶（CA-1、CA-2 和 CA-3）的孔径分布均较窄，主要分布在 5~25 nm，随着 CNFs 掺量的增加，孔径分布曲线变宽，最可几孔径增大，表面活性剂的加入对气凝胶的孔径分布产生了影响。

CNFs/PMMA 改性 SiO_2 气凝胶（CPA-1、CPA-2 和 CPA-3）的吸附 - 脱附曲线也属于Ⅳ型，在高压段吸附量迅速增加，表现出 H2（b）型回滞环，这种回滞环的出现多与网孔效应和孔道阻塞有关，可认为改性气凝胶存在“颈部”较宽的墨水瓶型介孔结构[180]，聚合物 PMMA 和表面活性剂的引入使得改性气凝胶的孔隙结构变得复杂。PMMA 的包覆使 SiO_2 固体骨架增粗，但在凝胶孔洞中发生的聚合反应可能造成气凝胶孔道的堵塞，形成墨水瓶型孔结构。随着 CNFs 掺量的增加，CNFs/PMMA 改性气凝胶的孔径分布向尺寸增大的方向移动，最可几孔径由 CPA-1 的 25 nm 增加到 CPA-3 的 29 nm。

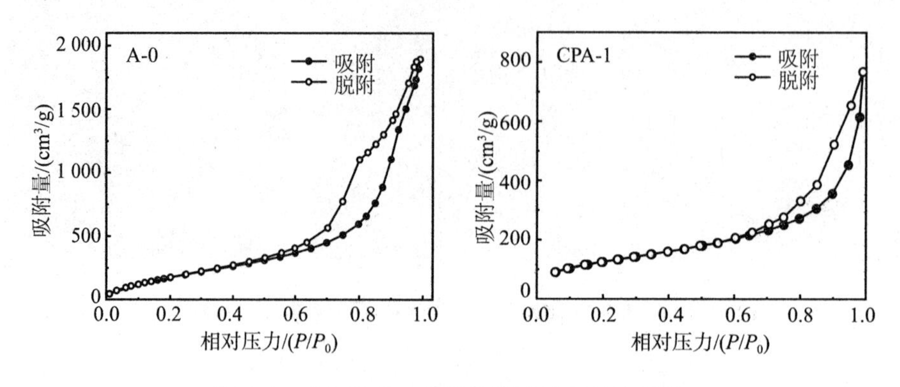

图 3-13　N_2 吸附 - 脱附曲线及孔径分布曲线

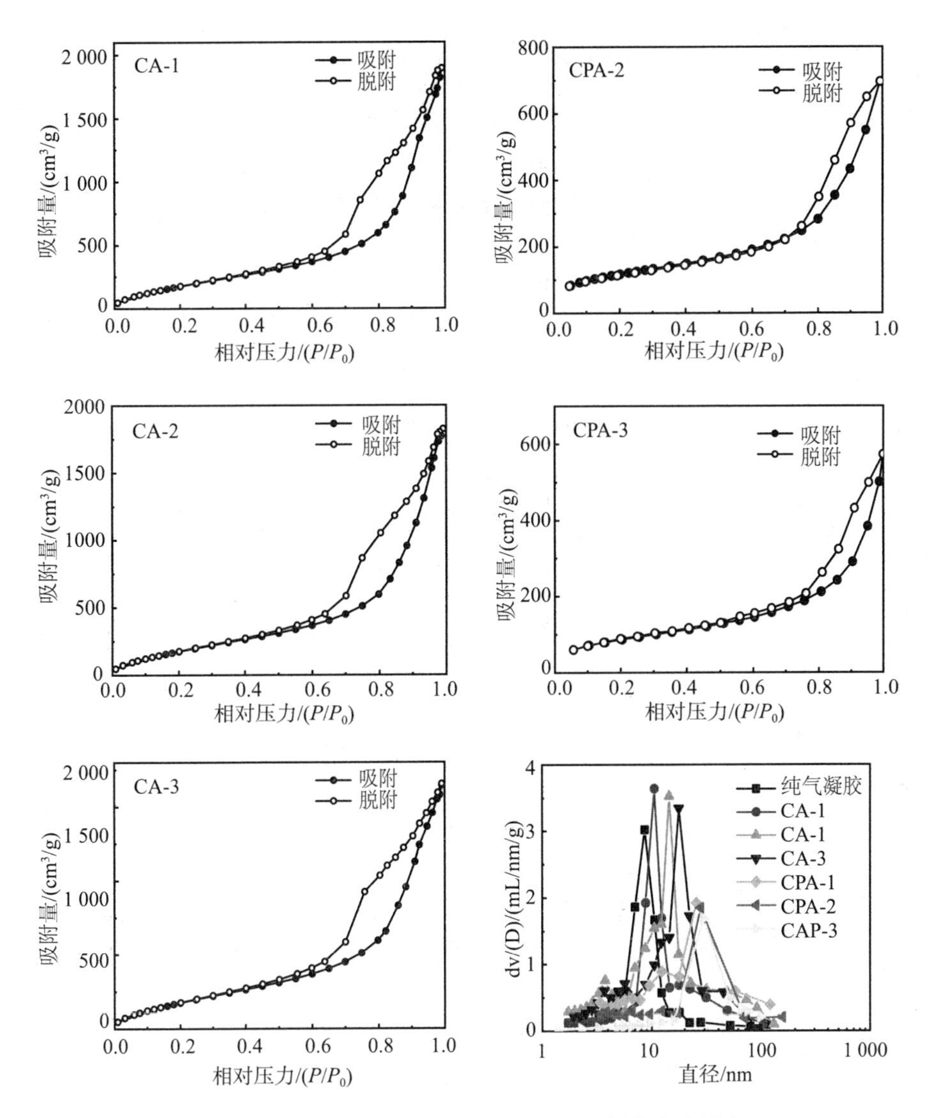

图 3-13 N_2 吸附 - 脱附曲线及孔径分布曲线（续）

CNFs 掺杂 SiO_2 气凝胶及 CNFs/PMMA 改性 SiO_2 气凝胶的基本性质见表 3-6。CNFs 掺杂气凝胶的体积密度随 CNFs 掺量的增加变化不大，比表面积均大于 700 m^2/g。当引入 PMMA 之后，CNFs/PMMA 改性 SiO_2 气凝胶的体积密度迅速增大，聚合物对固体骨架的包裹也使气凝胶的比表面积下降幅度较大。

表 3-6　CNFs/PMMA 改性 SiO_2 气凝胶的基本性质

样品	SDS / (mg/ml)	CNFs / wt%	PMMA / %	体积密度 / (g/cm^3)	比表面积 / (m^2/g)
Pure aerogel	0	0	0	0.116 ± 0.004	745
CA-1	10	1	0	0.119 ± 0.003	732
CA-2	20	3	0	0.122 ± 0.005	710
CA-3	30	5	0	0.129 ± 0.002	703
CPA-1	10	1	10	0.302 ± 0.002	507
CPA-2	20	3	10	0.306 ± 0.003	484
CPA-3	30	5	10	0.312 ± 0.003	469

3.5.4　CNFs掺杂PMMA改性SiO_2气凝胶的红外透过率分析

将常压干燥得到的 CNFs 掺杂 SiO_2 气凝胶及 CNFs/PMMA 改性 SiO_2 气凝胶粉磨后分别与高纯溴化钾以 1∶100 的质量比均匀混合，用压片机压制成厚度相同的待测试样，测定红外透过率，测试结果如图 3-14 所示。通过对比可以看出，在波长 3~8 μm 范围内，纯 SiO_2 气凝胶的红外透过率最高。CNFs 掺杂 SiO_2 气凝胶的红外透过率随着 CNFs 掺量的增加而呈明显降低趋势，当 CNFs 的掺量为 5 wt% 时，复合气凝胶的红外透过率最低，这表明，CNFs 的加入对 SiO_2 气凝胶材料起到了一定的红外遮光作用。当红外电磁波经过气凝胶时，纳米碳纤维的存在在一定程度上可以阻隔电磁波向单一方向传播，从而削弱了红外辐射能量[93]。此外，我们观察到，CNFs/PMMA 改性 SiO_2 气凝胶的红外透过率与纯 SiO_2 气凝胶相比，也有所降低。并且，在相同 CNFs 掺量下，经 PMMA 改性的气凝胶红外透过率比未经 PMMA 改性的 CNFs 掺杂气凝胶红外透过率更低，这是由于 PMMA 的引入使气凝胶的骨架结构被聚合物包覆，密度增大，遮光性能增强。

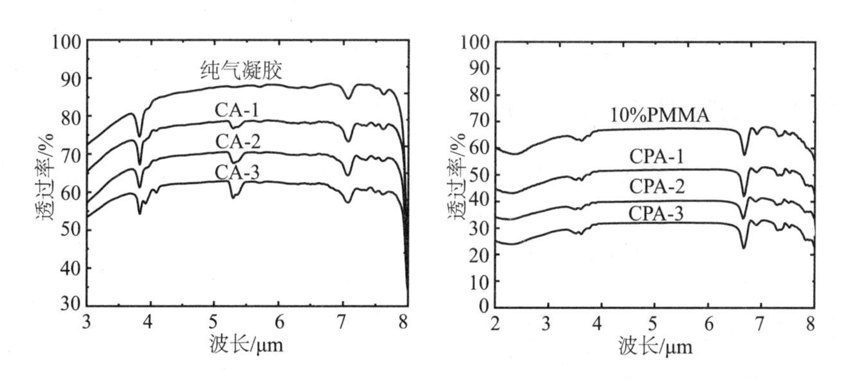

图 3-14　CNFs/PMMA 改性 SiO_2 气凝胶的红外透过率

3.5.5　CNFs/PMMA改性SiO_2气凝胶的热性能

图 3-15 为 CNFs 掺杂 SiO_2 气凝胶及 CNFs/PMMA 改性 SiO_2 气凝胶的 TG/DTG 曲线。对比曲线可以看出，纯 SiO_2 气凝胶总失重约为 10%，在温度上升到 540 ℃时质量损失速率最大，升至 800 ℃时质量不再变化。这是因为常压干燥制备的纯 SiO_2 气凝胶通过溶剂交换 / 表面改性，二氧化硅表面的 –OH 被 $–CH_3$ 所取代，$Si–CH_3$ 在 450 ℃开始逐渐氧化。

由于 CNFs 掺杂 SiO_2 气凝胶同样经过溶剂交换和表面改性，所以在

450~600 ℃，Si–CH_3 发生了氧化，CNFs 掺杂 SiO_2 气凝胶的疏水性可以保持到 450 ℃。此外，DTG 曲线显示在 715 ℃处存在一较大峰，说明 CNFs 掺杂 SiO_2 气凝胶在 715 ℃质量损失速率较大，这是由于 CNFs 氧化分解造成的。因此，CNFs 掺杂 SiO_2 气凝胶的热稳定可以保持到 450 ℃。对于 CNFs/PMMA 改性 SiO_2 气凝胶，以 CPA-2 为例，100 ℃以内少量的质量损失来自样品中吸附水和有机溶剂的蒸发。在氮气气氛下，改性气凝胶的热失重主要集中在 220~500 ℃，来源于 PMMA 和硅烷偶联剂的热分解。DTG 曲线上 425 ℃和 500 ℃附近的热失重归因于硅烷偶联剂的分解。PMMA 在 340 ℃时质量损失速率最大，680 ℃附近少量的质量损失为 CNFs 的氧化分解。

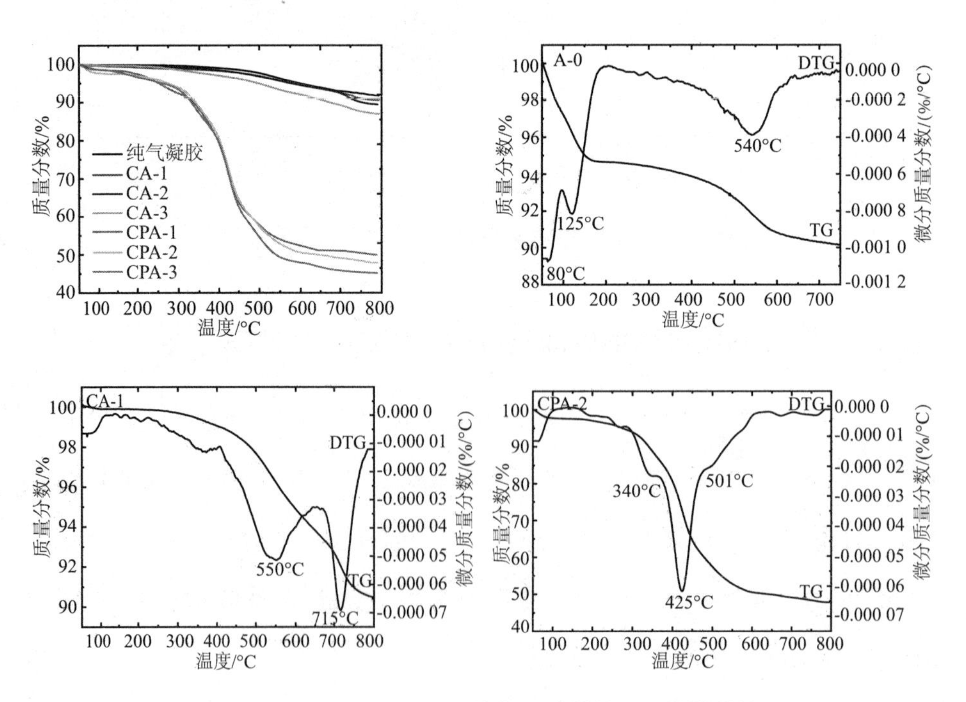

图 3-15　CNFs/PMMA 改性气凝胶的热重 / 微熵曲线

3.6 本章小结

本章首先对纳米碳纤维（CNFs）在水中的分散性进行了研究，对比了十二烷基硫酸钠（SDS）、聚丙烯酸（PAA）复合曲拉通（Tx100）、工业分散剂（D-180）以及十二烷基苯磺酸钠（SDBS）这 4 种表面活性剂对 CNFs 在水中的分散性的影响，探讨了分散机理。然后选择了分散效果良好的 SDS 和 SDBS，分别制备了添加不同浓度的 SDS 和 SDBS 的 SiO_2 气凝胶，并根据分型理论采用 Frenkel-Halsey-Hill（FHH）方程定量描述了表面活性剂 SDS 和 SDBS 对 SiO_2 气凝胶表面粗糙度的影响。最后根据上述研究结果，选择 SDS 作为 CNFs 的分散剂，在常压干燥条件下制备了 CNFs 掺杂 SiO_2 气凝胶和 CNFs/PMMA 改性 SiO_2 气凝胶，并对其微观形貌、孔结构和红外透过率进行了表征和分析，主要结论如下。

（1）通过吸光度、Zeta 电位和表面张力测试，得到了 4 种表面活性剂对浓度为 0.05 g/L 的 CNFs 的最佳分散浓度。其中，SDS 和 SDBS 在各自最佳浓度下分散的 CNFs 悬浮液 Zeta 电位的绝对值最大，分别为 65.4 mV 和 56.4 mV，且 SDS 溶液和 SDBS 溶液在最佳分散浓度时的表面张力最低，分别为 28.8 mN/m 和 29.9 mN/m，说明 SDS 和 SDBS 对 CNFs 的润湿性明显优于 D-180 和 PAA 复合 Tx100。同时，SDS 和 SDBS 分散的 CNFs 悬浮液的延时稳定性也明显优于另外两种表面活性剂。

（2）利用扫描电镜观察发现，未经表面活性剂分散的 CNFs 缠结团聚在一起，无法找到单根 CNFs 存在，采用 SDS 分散的 CNFs 团聚缠绕现象得到明显改善，单根的 CNFs 形貌清晰且完整。在水溶液中，SDS 会电离成带有较长烷基链的表面活性剂离子（$CH_3(CH_2)_{10}OSO_3^-$）和带有相反电荷的离子（Na^+），带负电荷的表面活性剂离子通过疏水端吸附在 CNFs 的表面，亲水端钻入水中，在 CNFs 表面形成了吸附膜，增大了 CNFs 的润湿性，从而实现了 CNFs 在水溶液中的分散。

（3）为了进一步分析表面活性剂对 SiO_2 气凝胶孔结构的影响，本章分别制备了添加不同浓度的 SDS 和 SDBS 的 SiO_2 气凝胶，并根据分型理论利用 Frenkel-Halsey-Hill（FHH）方程通过吸附等温线计算得到了气凝胶的表面分形维数，气凝胶样品的线性拟合相关系数均达到了 0.99 以上，并且表面分形维数 Ds 均在 2.5~2.6 之间，表明添加表面活性剂的 SiO_2 气凝胶具有表面分形特征。随着表面活性剂浓度的增加，气凝胶的表面分形维数逐渐减小，说明表面活性剂的加入使气凝胶表面粗糙度降低。当 SDS 和 SDBS 的浓度为各自临界胶团浓度的 10 倍时，添加 SDS 的气凝胶表面粗糙度比添加 SDBS 气凝胶表面粗糙度更低，孔结构的均匀性更好。添加表面活性剂的 SiO_2 气凝胶呈现出连续无规则的三维网络状结构，表面活性剂的加入使 SiO_2 气凝胶的凝胶粒子增大，骨架结构尺寸增粗，总孔体积增大，比表面积下降，平均孔直径增加。

（4）常压干燥条件下制备的 CNFs 掺杂 SiO_2 气凝胶和 CNFs/PMMA 改性 SiO_2 气凝胶均为三维网络状结构，经表面活性剂 SDS 分散，CNFs 在凝胶中团聚现象得到改善，透射电镜下可以观察到单根 CNFs 存在，气凝胶的网络骨架紧密缠绕包裹在 CNFs 的表面，PMMA 的引入使气凝胶骨架结构增粗，力学性能得到改善。通过对凝胶的观察可知，三种气凝胶强度顺序依次为：CNFs/PMMA 改性 SiO_2 气凝胶 >CNFs 掺杂 SiO_2 气凝胶 > 纯 SiO_2 气凝胶。

（5）CNFs 的掺入不仅可以提高凝胶强度，还可以起到一定的遮光作用。与纯 SiO_2 气凝胶相比，CNFs 掺杂气凝胶在波长 3~8 m 范围内的红外透过率随着 CNFs 掺量的增加呈明显降低趋势。同时，CNFs/PMMA 改性 SiO_2 气凝胶的红外透过率与纯 SiO_2 气凝胶相比也有所降低，这是因为当红外电磁波经过气凝胶时，CNFs 的存在在一定程度上可以阻隔电磁波向单一方向传播，从而削弱了红外辐射能量。

4 热致相分离法制备聚甲基丙烯酸甲酯改性 SiO_2 气凝胶及性能研究

4.1 引言

构造及保持高孔隙率的三维网状结构是制备 SiO_2 气凝胶材料的关键，因为这种结构为 SiO_2 气凝胶提供了诸多优异特性。但是由于无序的三维网状结构和较小的粒子间连接面积，导致气凝胶强度低、韧性差。增强气凝胶骨架粒子之间的连接部位是改善气凝胶力学性能的基本思路，一般有以下几种具体方法。

（1）根据奥斯瓦尔德熟化（Ostwald ripening），使 SiO_2 凝胶在有机溶剂或凝胶母液中老化，SiO_2 骨架粒子会发生溶解和增长，使 SiO_2 在粒子间连接部位进行沉积和重分布，从而实现对凝胶骨架的增强[108,112,164,224]。

（2）直接利用凝胶表面的羟基或者通过硅烷偶联剂在凝胶表面引入氨基、环氧基及碳碳双键等活性官能团，分别与不同的聚合物单体发生化学反应，制备聚合物交联改性 SiO_2 气凝胶。例如：凝胶表面的羟基官能团可以在催化剂的作用下与异氰酸酯反应生成 聚氨酯交联改性 SiO_2 气凝胶[137]；当凝胶表面引入的活性官能团为氨基时，可分别与异氰酸酯、环氧树脂单体和酸酐发生反应，制备聚脲交联改性 SiO_2 气凝胶[225]、环氧树脂交联改性 SiO_2 气凝胶和聚酰亚胺交联改性 SiO_2 气凝胶[226]；当凝胶表面引入的活性官能团为碳碳双键时，可以与丙烯酸酯或苯乙烯单体交联，制备聚丙烯酸酯交联 SiO_2 气凝胶和聚苯乙烯交联 SiO_2 气凝胶[143]。

（3）将纤维材料通过化学和机械混合方法，使其均匀分布在 SiO_2 气凝胶骨架中，得到力学性能优异的纤维增强复合 SiO_2 气凝胶。目前常用的纤维包括玻璃纤维[227]、莫来石纤维[228,229]、陶瓷纤维[230]、纳米碳纤维[151]和聚合物纤维[231]等。

（4）利用化学气相沉积法对干燥后的 SiO_2 气凝胶以甲基氰基丙烯酸进行交联改性[149,150]。

每一种对气凝胶增强改性的方法都不可避免地在提高气凝胶力学性能的同时增大了体积密度，降低了比表面积和孔隙率。如何在增强气凝胶力学性能和保留其低密度、高孔隙率的特性之间达到平衡，是研究的重点和难点。热致相分离法（TIPS）是利用温度改变驱动聚合物均相体系发生相分的方法，由美国学者 Anthony J. Castro 于 1981 年提出[155]。它是将聚合物与高沸点、低分子质量的稀释剂混合后在高温下形成均相溶液，当温度降低时，溶液体系会自行发生相分离，聚合物固化定型，然后再将稀释剂萃取脱除便可得到聚合物多孔材料。热致相分离法在聚合物多孔材料的制备领域应用广泛，但采用热致相分离法制备聚合物改性 SiO_2 气凝胶的研究则鲜有报道。

在充分理解相分离机理的基础上，本章提出了通过热致相分离法制备改性 SiO_2 气凝胶的方法。利用乙醇和水的混合溶剂制备不同浓度的聚甲基丙烯酸甲酯溶液，以此为改性剂，通过降温诱发相分离，并结合超临界干燥技术成功制备了力学性能优异的 PMMA 改性 SiO_2 气凝胶。热致相分离法制备的聚合物改性气凝胶相比于化学交联法制备的聚合物改性气凝胶，可以最大程度地保留气凝胶的高孔隙率及低密度的特性，同时能够将气凝胶的力学性能提高数倍。并且整个制备过程无须大量溶剂交换，无须引发化学反应，更不存在有毒或污染环境的副产物。仅仅利用温度的变化来诱发聚合物溶液相分离，使聚合物沉积于骨架粒子的表面和粒子间连接部位，从而实现对气凝胶的增强改性。

4.2 实验部分

4.2.1 原料及设备

本章实验中所使用的试剂如表 4-1 所示。

表 4-1 实验原料及试剂

试剂名称	分子量	规格	来源
聚甲基丙烯酸甲酯	M_w=35,000	分析纯	Sigma-Aldrich (St. Louis, MO)
聚甲基丙烯酸甲酯	M_w=120,000	分析纯	Sigma-Aldrich (St. Louis, MO)
正硅酸乙酯	208.33	分析纯	Sigma-Aldrich (St. Louis, MO)
无水乙醇	46.07	分析纯	Decon Labs, Inc. (King of Prussia, PA)
氨水	35.04	分析纯	Kanto Co (Portland, OR)
盐酸	36.5	分析纯	EMD Millipore Co (Billerica, MA)
去离子水	18.01	—	实验室自制

本章实验中所使用的实验设备如表 4-2 所示。

表 4-2　实验设备

仪器设备	仪器型号	生产厂家
电子天平	AL204	梅特勒 - 托利多公司
磁力搅拌器	MS4	IKA-Werke GmbH & Co. KG
电热恒温真空干燥箱	VD23	Binder GmbH Co.
超临界干燥设备	Polaron E3100	Quorum Technologies Ltd

本章实验中所使用的分析测试设备如表 4-3 所示。

表 4-3　实验中所用的分析仪器

仪器名称	生产厂家
TD2400 真密度测试仪	彼奥得电子技术有限公司
Jaz Spectrometer 浊点测试仪	Ocean Optics Inc
Mettler Toledo STARe 综合热分析仪	梅特勒 - 托利多公司
Nicolet Avatar 360 傅立叶变换红外光谱	美国热电公司
NOVA 4200e 全自动物理吸附仪	美国康塔仪器公司
Nova Nanosem 450 场发射扫描电镜	美国 FEI 公司
Instron 5540 万能材料试验机	美国 Instron 公司
WDW3010 压力机	长春科新仪器有限公司
TPS 2500S 热常数分析仪	瑞典 Hot disk 公司

4.2.2 PMMA溶液的制备及浊点温度的测定

本章采用两种不同分子量的PMMA制备聚合物溶液，可分别表示为PMMA-35k（M_w=35 000 g/mol）和PMMA-120k（M_w=120 000 g/mol）。由于凝胶形成后，孔洞中存在大量乙醇和少量的水，而采用超临界干燥技术同样需要乙醇作为溶剂，为了减少整个制备过程中的溶剂交换和洗涤，本研究采用乙醇和水作为混合溶剂来制备 PMMA 溶液。

首先按照乙醇:水＝4:1的体积比配制均匀的混合溶剂，称取一系列不同质量的 PMMA 分别与 6 mL 混合溶剂一起注入 20 mL 容积的玻璃瓶中，加热至 60 ℃，磁力搅拌，直至溶剂中的固体 PMMA 粉末或颗粒溶解消失，此时溶液呈均匀透明状态。

为了研究 PMMA 在混合溶剂中的溶解性，测试 PMMA 溶液的浊点温度，从而进一步选取适宜浓度的 PMMA 溶液用于热致相分离法制备改性气凝胶，此处共制备了浓度范围在 0.65 wt% 到 28 wt% 之间的 19 组 PMMA-35k 溶液。

4.2.3 TIPS法制备PMMA改性SiO_2醇凝胶

TIPS 法制备 PMMA 改性 SiO_2 气凝胶的主要工艺过程如图 4-1 所示，首先以正硅酸乙酯为前驱体，采用酸 - 碱两步催化及溶胶 - 凝胶法制备 SiO_2 醇凝胶。

取 20.8 g（0.1 mol）正硅酸乙酯、18.4 g（0.4 mol）乙醇和 1.8 ml 0.04 ml/L 的盐酸溶液混合于 100 mL 锥形瓶中，在 60 ℃加热条件下磁力搅拌 1.5 h，使正硅酸乙酯充分水解。取 5 mL 水解后的混合溶液，滴加 1 mL 0.25 ml/L 的氨水进行催化，并注入样品成型管，静置 17 min 后凝胶形成。将凝胶在室温下老化 24 h，然后从成型管中取出，浸泡于乙醇中，密封，置于 50 ℃恒温干燥箱中 24 h。

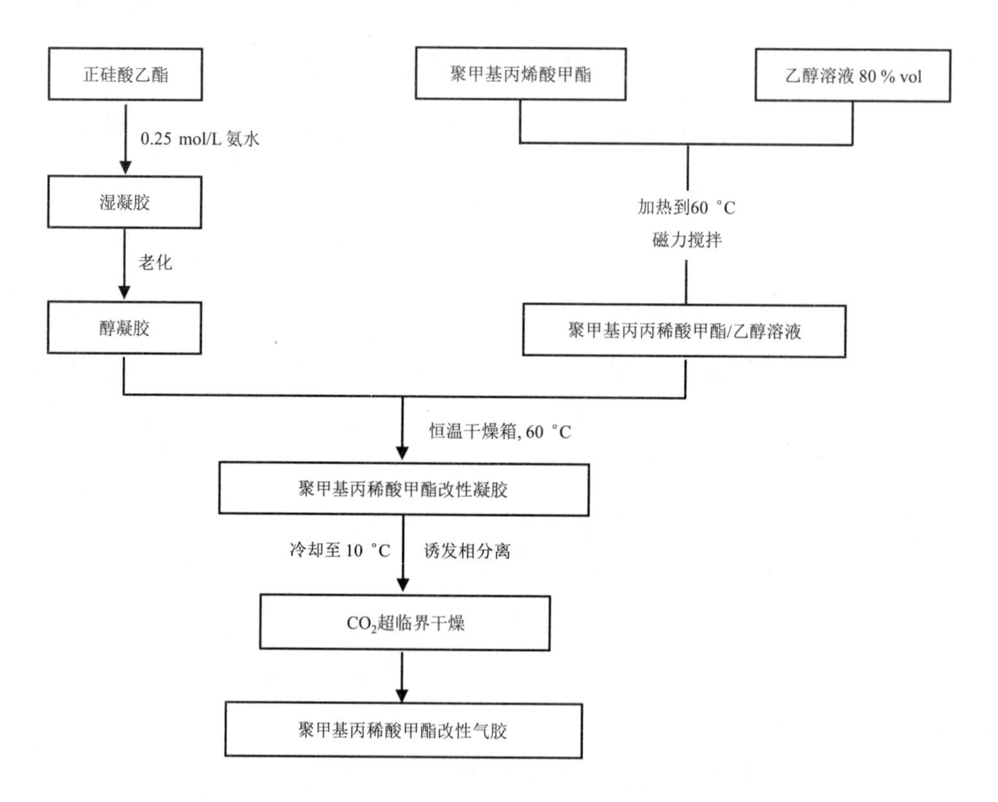

图 4-1 热致相分离法制备 PMMA 改性 SiO_2 气凝胶

老化完成后，将干燥箱升温至 60 ℃，采用 PMMA 溶液对凝胶浸泡 3 d，使 PMMA 能够充分浸入凝胶内部，之后将凝胶从干燥箱中取出，于室温下（25 ℃）缓慢冷却，引发相分离，如图 4-2（左）所示，发生相分离的醇凝胶随着 PMMA 溶液浓度增加逐渐呈现出白色，最后将凝胶连同 PMMA 溶液一起放入 10 ℃冰箱保存 3 d。

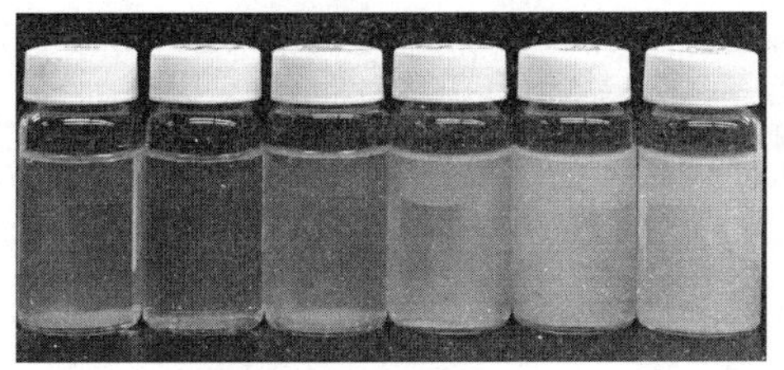

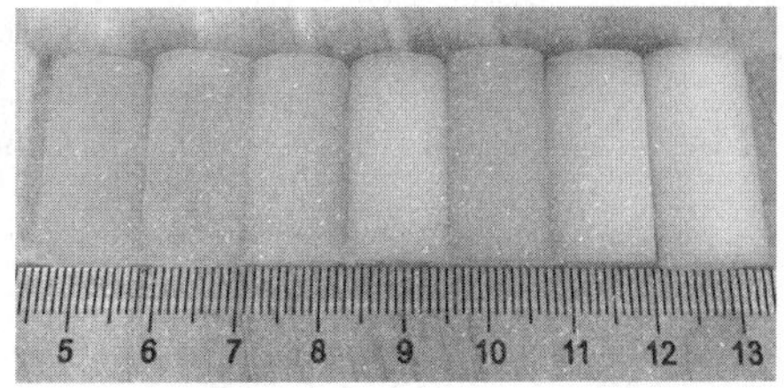

图 4-2 醇凝胶在聚合物溶液中发生相分离（左）及不同 PMMA 浓度的改性气凝胶（右）

4.2.4 CO_2超临界干燥

采用 TIPS 制备的 PMMA 改性 SiO_2 醇凝胶中含有大量的乙醇和少量的水，常压干燥的方法并不适合这类凝胶，因为凝胶中沉积的 PMMA 会因为温度的升高再次溶解，并且乙醇和水的表面张力较大，加热干燥会使凝胶的骨架结构因无法抵抗毛细管张力而破裂，所以本章利用了 CO_2 超临界干燥工艺，具体操作步骤如下。

（1）首先在干燥设备的样品室中加入 150 mL 乙醇，并降温至 10 ℃，将 PMMA 改性醇凝胶从样品管中移出，用 10 ℃乙醇洗涤 4 次，确保凝胶表面光滑，无残留的 PMMA，然后放入样品室中。

（2）然后打开进气阀门，使 CO_2 缓慢溶于乙醇，1 h 以后，打开排气阀门，利用 CO_2 对乙醇进行置换，循环三次后，放置 24 h，继续置换 5 次，直至回收得到全部乙醇。

（3）置换完成后，将样品室的 2/3 充满液态 CO_2，升高温度至 35 ℃，同时样品室内压力上升到 8 MPa，保持 1 h，直至样品室内气 - 液界面消失，CO_2 达到超临界状态，然后打开排气阀门，使 CO_2 缓慢排出干燥设备，排气耗时大于 8 h 为佳。

经 CO_2 超临界干燥后的 PMMA 改性气凝胶如图 4-2（右）所示，随着 PMMA 溶液浓度的增加，改性气凝胶由淡蓝色逐渐变为白色。

4.3 结果与讨论

4.3.1 PMMA在乙醇/水（$V_{EtOH}:V_{H_2O}$=4：1）混合溶剂中的溶解

采用 TIPS 制备聚合物改性气凝胶的关键是选择适合的聚合物 / 溶剂体系，通过溶液浸泡法，将聚合物引入凝胶孔洞中，然后降温引发相分离，使聚合物沉积在凝胶骨架粒子的表面，经超临界干燥，将溶剂从凝胶孔洞中萃取出来，得到高孔隙率的聚合物改性气凝胶材料。由于采用正硅酸乙酯制备的醇凝胶中存在大量乙醇和少量水，并且采用超临界干燥技术干燥醇凝胶时需要乙醇作为溶剂，为了减少整个改性气凝胶制备过程中的溶剂用量和洗涤次数，在选择聚合物 / 溶剂体系时尽量选择乙醇等醇类作为溶剂。

研究表明，常温下 PMMA 不溶于乙醇或水，但在乙醇和水的混合溶剂中存在高临界溶解温度，并且当（$V_{EtOH}:V_{H_2O}$=4:1）时 PMMA 的溶解度最大[232,233]。PMMA 的溶解要经过溶胀的过程，溶剂分子会慢慢进入卷曲成团的 PMMA 分子链的空隙中，使 PMMA 舒展开来呈长链状，如图 4-3 所示。在混合溶剂中，水分子中的氢与 PMMA 中的酯基形成了氢键作用，在羰基周围形成的水合层则充当了聚合物与乙醇之间的增容层[234-236]。Hoogenboom[237] 利用小角度中子散射技术证实了这一说法。当乙醇的浓度达到 80 vol% 时，混合溶剂中存在数量最多的单个、未形成团簇的水分子，可以有效地与 PMMA 分子形成氢键，所以此时

PMMA 的溶解度最大，但继续增加水的含量会使混合溶剂的极性增强，同时形成水分子团簇，这就需要破坏水分子之间的氢键来形成水合层，因此会降低聚合物的溶解度[235]。所以，本章采用乙醇/水（$V_{EtOH}:V_{H_2O}=4:1$）的混合溶剂来溶解 PMMA，制备不同浓度的聚合物溶液。

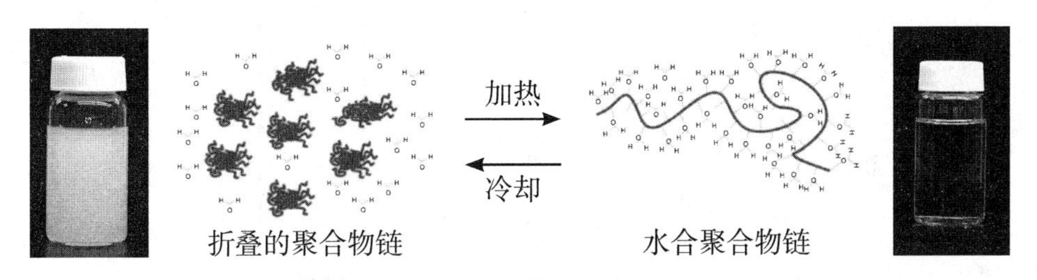

图 4-3　PMMA 在乙醇/水混合溶剂中的溶解

在确定了聚合物/溶剂体系之后，需要测量聚合物溶液的浊点温度，并选择制备改性气凝胶的 PMMA 溶液的浓度范围。实验利用 Ocean Optics Jaz 光谱仪对不同浓度 PMMA-35k 溶液的浊点温度进行测定：首先将均匀的 PMMA-35k 溶液放在固定光源前并连接温度计，利用光谱仪记录透射光强度随时间的变化，溶液在室温下缓慢降温，当发生相分离时，透射光的强度曲线会迅速下降，出现明显的拐点，如图 4-4 所示，将拐点出现时的温度作为 PMMA-35k 溶液的浊点温度。图 4-5 是浓度在 0.65 wt% 到 28 wt% 范围内的 19 组 PMMA-35k 溶液的浊点温度，通过观察可以发现，随着 PMMA-35k 浓度的增加，溶液的浊点温度上升，也就是说当聚合物浓度增加时，溶液在室温下更容易发生相分离，这是因为浓度增加使聚合物分子之间的相互作用增强[238]。当聚合物溶液浓度为 20 wt%时，浊点温度达到最大 38.5 ℃。此外，浊点温度还会受到聚合物分子量的影响[236]，也就是说在相同条件下，相同浓度的PMMA-120k溶液的浊点温度要高于PMMA-35k溶液。

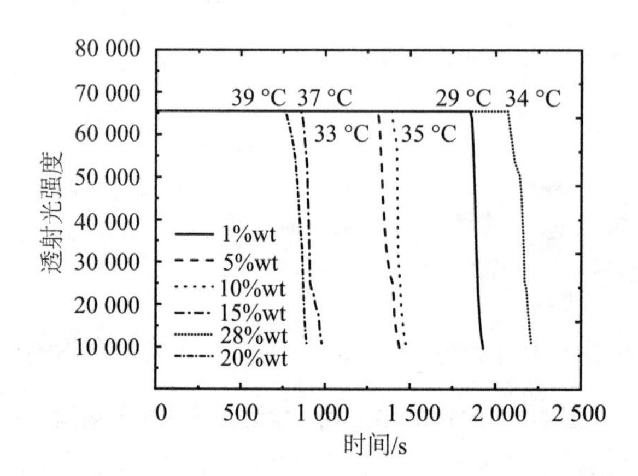

图 4-4 不同浓度 PMMA-35k 溶液的透射光强度随时间变化曲线

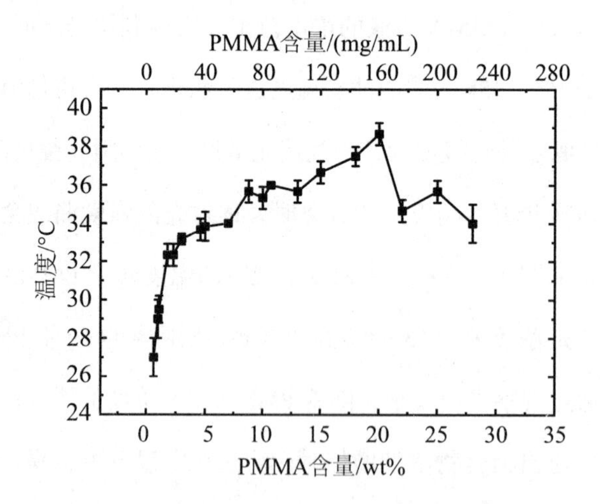

图 4-5 不同浓度 PMMA-35k 溶液的浊点温度

由于在超临界干燥的过程中需要乙醇作溶剂，并且在 10 ℃下利用液体 CO_2 不断置换出乙醇，所以聚合物溶液的浊点温度即相分离温度不应低于 10 ℃。为了能够简化气凝胶的制备过程，保持 PMMA 在凝胶中均匀沉积，希望在室温下对 PMMA 溶液缓慢降温，引发相分离，所以浊点温度最好高于 25 ℃。同时，还需要考虑聚合物溶液的黏度对渗透过程的影响，如果 PMMA 溶液黏度过大，PMMA 分子难以进入凝胶孔洞内部，无法沉积在骨架粒子的表面起到增强的作用。综合上述因素，本章选择了 7 个浓度的 PMMA 溶液作为热致相分离法的改性溶液，分别为 5 mg/mL（0.65 wt%）、10 mg/mL（1.1 wt%）、15 mg/mL（1.8 wt%）、20 mg/mL（2.3 wt%）、40 mg/mL（4.6 wt%）、60 mg/mL（8.8 wt%）、80 mg/mL（10.7 wt%）。

4.3.2 PMMA溶液浓度对改性气凝胶基本性能的影响

实验分别测试了 14 组 TIPS 法制备的 PMMA 改性 SiO_2 气凝胶的基本性质，结果如表 4-4 所示。实验中以 PS-*X*-*Y* 的形式表示气凝胶样品名称，*X* 为 PMMA 的相对分子质量，*Y* 为 PMMA 溶液的浓度，即 *Y* mg/mL，例如：PS-35k-5 表示 TIPS 法制备的 PMMA-35k 改性气凝胶，PMMA-35k 溶液的浓度为 5 mg/mL。通过分析表 4-4 中结果可以看出，PMMA 溶液的浓度对 TIPS 法制备的改性气凝胶的体积密度、孔隙率和线性收缩率均产生了一定影响。随着聚合物溶液浓度的增加，相分离过程中沉积于凝胶骨架表面的 PMMA 质量增加，从表中热失重数据的变化可以看出这一点。同时，改性气凝胶的体积密度增大，孔隙率降低，但孔隙率依然能够保持在 90% 以上。与未改性气凝胶相比，改性气凝胶 PS-35k-80 的体积密度增加了 28%，孔隙率降低了 3.84%，其他 PMMA 浓度的改性气凝胶，体积密度的增加均小于15%。而通过化学交联改性的方法制备的聚合物增强SiO_2气凝胶，其体积密度可增加100%~800%[136,137,141,143,145,148]。相比之下，TIPS法制备的PMMA改性气凝胶能够更好地保留气凝胶材料低密度和高孔隙率的特性。此外，由于PMMA对凝胶骨架的覆盖和包裹，使凝胶在超临界干燥过程中的收缩减小，当PMMA溶液浓度达到最大80 mg/mL时，改性气凝胶的线性收缩率可由8.4%降至6%。

表4-4　PMMA改性气凝胶的基本性能

样品	体积密度 / (g/cm^3)	孔隙率 / %	线性收缩率 / %	气凝胶中PMMA含量 / (g/g)	总热失重 / %
PS-0-0	0.139 ± 0.002	93.7	8.4	0	9.1
PS-35k-5	0.140 ± 0.002	93.4	7.1	0.027	12.2
PS-35k-10	0.147 ± 0.004	93.0	7.0	0.046	14.6
PS-35k-15	0.152 ± 0.003	92.8	6.8	0.059	15.3
PS-35k-20	0.153 ± 0.004	92.5	6.7	0.091	19.5
PS-35k-40	0.154 ± 0.001	92.4	6.5	0.107	21.0
PS-35k-60	0.165 ± 0.004	91.7	6.2	0.114	22.9
PS-35k-80	0.178 ± 0.010	90.1	6.0	0.219	31.8
PS-120k-5	0.143 ± 0.002	93.2	7.0	0.028	12.5
PS-120k-10	0.145 ± 0.003	93.1	7.1	0.033	13.1
PS-120k-15	0.151 ± 0.005	92.8	6.8	0.035	13.2
PS-120k-20	0.153 ± 0.005	92.7	6.8	0.046	17.0
PS-120k-40	0.156 ± 0.003	92.4	6.7	0.055	18.1
PS-120k-60	0.159 ± 0.003	92.0	6.4	0.103	19.8
PS-120k-80	0.162 ± 0.002	91.7	6.2	0.149	26.4

注：体积密度通过公式 $\rho_{bulk}=m/v$ 计算；孔隙率根据公式 $P=(1-\rho_0/\rho_{bulk})\times100\%$ 计算，其中 ρ_0 为气凝胶的真密度，利用真密度测试仪测定。线性收缩率根据公式 $S=(1-D_0/D_c)\times100\%$ 计算，D_0 为气凝胶样品直径，D_c 为样品成型管内径。PMMA 含量表示每克改性气凝胶中所含 PMMA 的质量，根据热重曲线在 200~400 ℃的质量损失来确定。

对比两种不同 PMMA 分子量的改性气凝胶，我们可以发现，当 PMMA 溶液浓度相同时，PMMA-35k 改性气凝胶中聚合物含量比 PMMA-120k 改性气凝胶多，这是由于 PMMA-120k 溶液的黏度更大，导致了浸入凝胶内部的聚合物质量有所减少。

4.3.3　TIPS法制备PMMA改性 SiO_2 气凝胶的红外吸收光谱

图 4-6 为未改性气凝胶与 TIPS 法制备的 PMMA 改性气凝胶的红外光谱。可以看出，与未改性气凝胶相比，PMMA 改性气凝胶在 1 730 cm^{-1} 处存在明显的 C═O 伸缩振动吸收峰，且在 3 450 cm^{-1} 和 1 635 cm^{-1} 处的 -OH 伸缩振动吸收峰和 H–O–H 弯曲振动吸收峰明显减小甚至消失，说明 PMMA 沉积在凝胶骨架表面，增强了气凝胶的疏水性能。在 1 070 cm^{-1}、796 cm^{-1} 和 451 cm^{-1} 分别对应 Si–O–Si 的反对称伸缩振动，对称伸缩振动和弯曲振动吸收峰，该基团构成了二氧化硅气凝胶的网络骨架结构 [86]。960 cm^{-1} 处还存在微弱的 Si–OH 伸缩振动吸收峰，这说明采用酸 – 碱两步催化法制备气凝胶时，TEOS 水解充分。

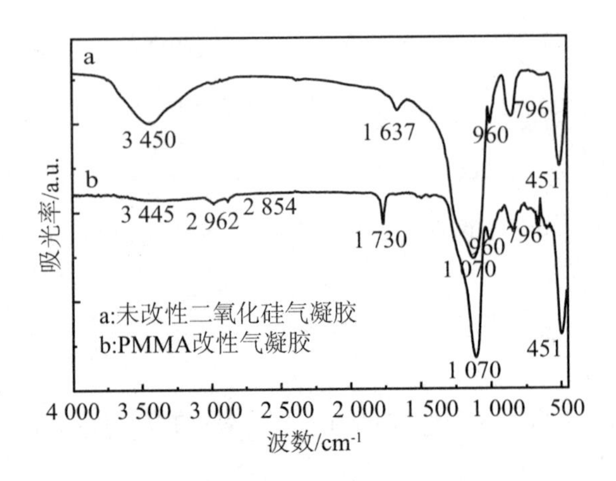

图 4-6 PMMA 改性与未改性 SiO_2 气凝胶的红外光谱

4.3.4 TIPS法制备PMMA改性SiO_2气凝胶的微观形貌及孔结构

TIPS 法制备的 PMMA 改性气凝胶的微观形貌如图 4-7 所示。可以看出，无论是改性气凝胶还是未改性气凝胶，都呈现出了无规则三维网络状结构，SiO_2 骨架粒子为团簇状。对比图 4-7(a)、图 4-7(b) 和图 4-7(c) 发现，未改性气凝胶的网络结构更加松散，SiO_2 粒子的尺寸更小，因此气凝胶的体积密度更低。随着 PMMA 溶液浓度的增加，改性气凝胶中 SiO_2 粒子逐渐增大，骨架增粗，网络结构更加致密，粒子与粒子之间的串珠状连接不再明显，同时可以观察到聚合物对 SiO_2 粒子的包裹（白色虚线内）使粒子间连接部位的面积增大，此时的改性气凝胶体积密度可增加到 0.181 g/cm^3。正是由于粒子间连接面积的增大，使改性气凝胶在干燥过程中的收缩减小，抗压及抗弯强度均有所提高，具体结果及分析见 4.3.6 节。

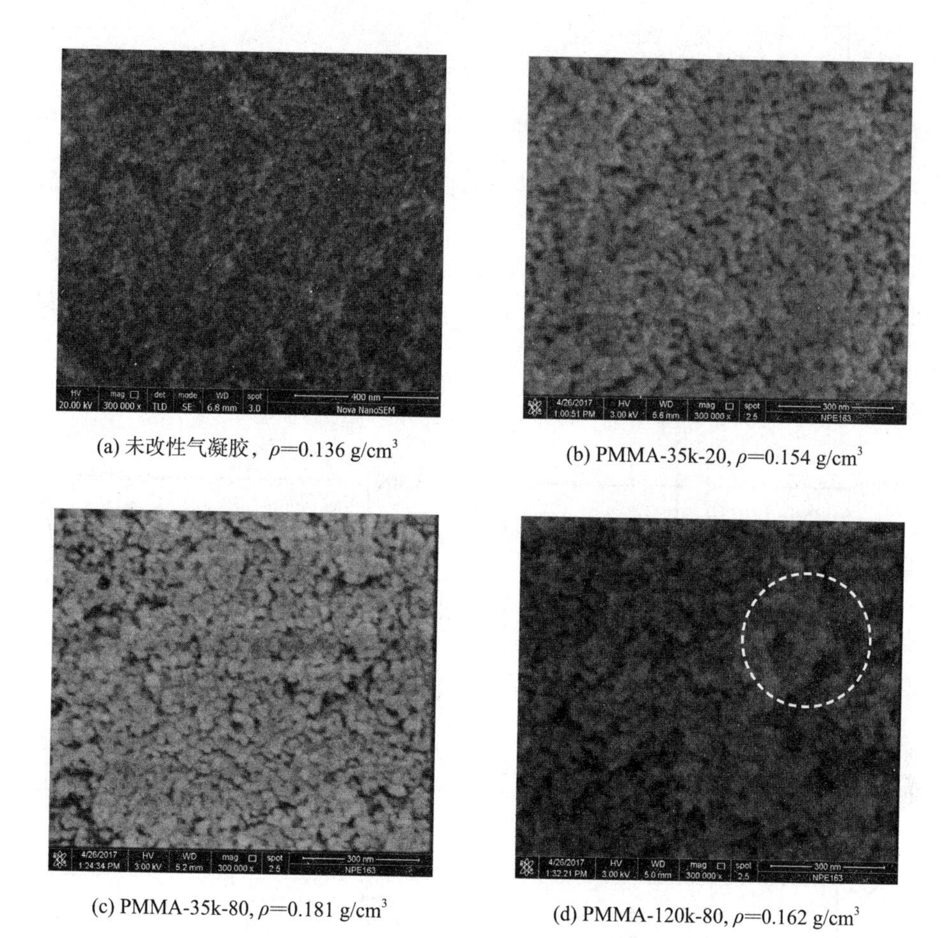

(a) 未改性气凝胶，ρ=0.136 g/cm^3

(b) PMMA-35k-20, ρ=0.154 g/cm^3

(c) PMMA-35k-80, ρ=0.181 g/cm^3

(d) PMMA-120k-80, ρ=0.162 g/cm^3

图 4-7　PMMA 改性气凝胶的微观形貌

PMMA 溶液浓度不仅影响改性气凝胶的骨架粒子尺寸，还对气凝胶的孔结构及孔分布有重要的影响，图 4-8 为不同 PMMA 浓度的改性气凝胶的 N_2 吸附 - 脱附曲线。根据国际纯粹与应用化学联合会（IUPAC）的分类标准 [180]，所测样品的吸附 - 脱附曲线均属于Ⅳ型，在高压段（$p/p_0 > 0.8$）均表现出了 H1 型回滞环，说明 PMMA 改性气凝胶是均匀的介孔结构。采用 BJH 方法对 N_2 吸附 - 脱附曲线的脱附分支进行计算得到了改性气凝胶的孔径分布曲线，如图 4-9 所示，通过对比发现，两种不同分子量的 PMMA 改性气凝胶的曲线形状基本相同。随着聚合物浓度的增加，气凝胶的孔径分布曲线并未发生明显偏移，最可几孔径在 17 nm 左右，曲线峰值逐渐降低，这说明改性气凝胶的孔体积逐渐减小。从图 4-7 中改性气凝胶的微观形貌也可以看出，聚合物浓度增加，气凝胶的骨架结构更致密，孔体积减小。

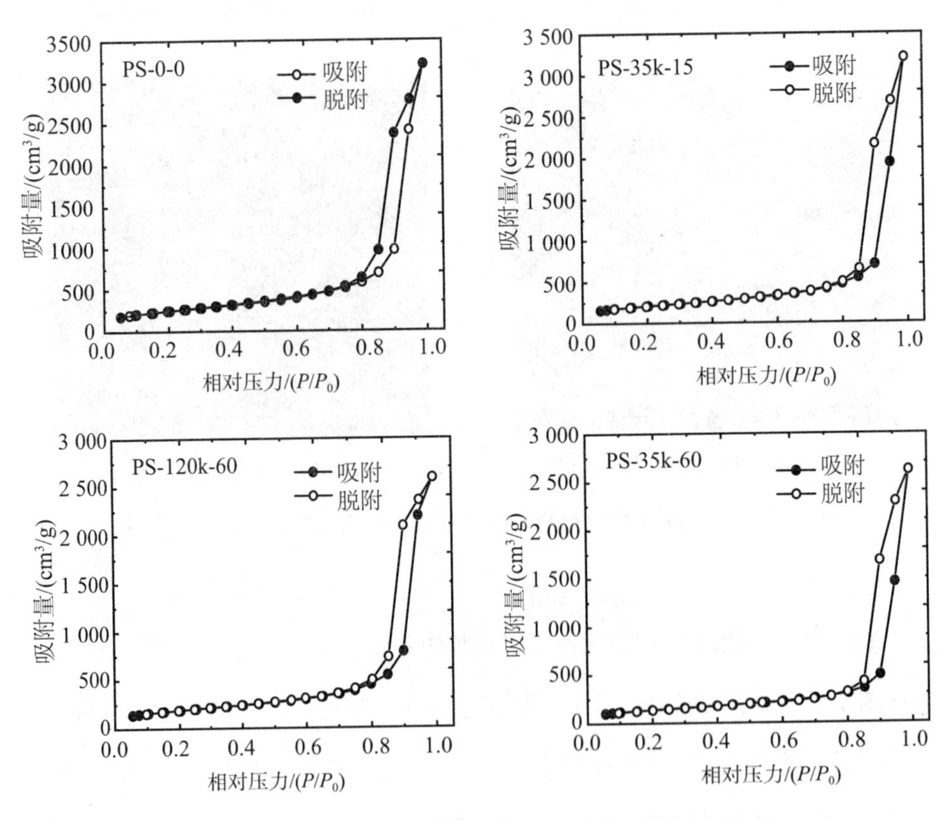

图 4-8　PMMA 改性气凝胶的 N_2 吸附 - 脱附曲线

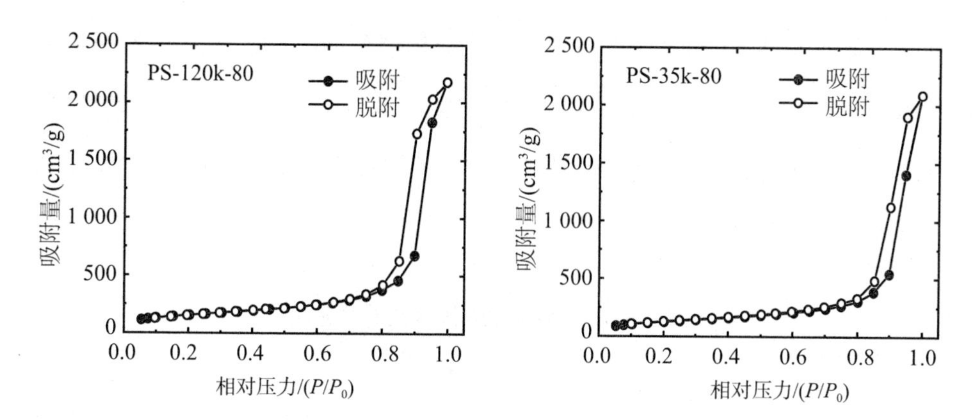

图 4-8 PMMA 改性气凝胶的 N2 吸附 - 脱附曲线（续）

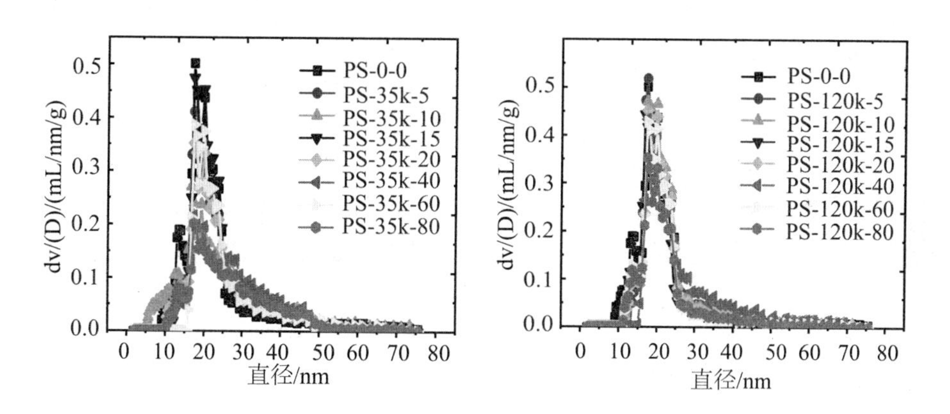

图 4-9 PMMA 改性气凝胶的孔径分布曲线

表 4-5 为 PMMA 改性气凝胶的比表面积、孔体积及孔直径的相关计算结果。其中 SBET 为通过 brunauer-emmett-teller（BET）法计算的气凝胶比表面积。随着 PMMA 溶液浓度的增加，沉积于凝胶骨架的聚合物增多，气凝胶的比表面积减小，从表中数据可以看出，未改性气凝胶的比表面积为 874 m^2/g，当 PMMA 浓度增加到 80 mg/mL 时，PMMA-35k 改性气凝胶的比表面积降至

486 m^2/g，PMMA-120k 改性气凝胶的比表面积降至 544 m^2/g，二者分别减小了 44% 和 38%，但仍比采用化学交联改性的方法制备的聚合物增强气凝胶的比表面积大。与未改性气凝胶相比，化学交联改性制备的聚合物增强气凝胶的比表面积最多会减少 75%[134,137,143,145,148,225,239,240]。

表 4-5　PMMA 改性气凝胶的孔分析

样品	S_{BET} / (m^2/g)	S_{NLDFT} / (m^2/g)	S_{DR} / (m^2/g)	V_{total} / (cm^3/g)	$V_{pore,\ NLDFT}$ / (cm^3/g)	$V_{pore,\ DR}$ / (cm^3/g)	$D_{pore,\ BJH}$ / nm	D_{pore} / nm
PS-0-0	877	928	2 352	5.055	4.713	0.870	17.73	23.06
PS-35k-5	812	842	2 272	4.742	4.439	0.760	17.54	23.36
PS-35k-10	804	823	2 045	4.565	4.308	0.715	17.69	23.72
PS-35k-15	731	775	1 965	4.460	4.286	0.702	17.68	24.41
PS-35k-20	639	700	1 818	4.112	3.769	0.682	17.72	25.74
PS-35k-40	523	593	1 421	4.032	3.913	0.561	17.61	30.83
PS-35k-60	517	579	1 279	3.656	3.862	0.503	17.69	28.29
PS-35k-80	486	552	1 217	3.244	3.293	0.501	17.71	26.70
PS-120k-5	792	852	1 967	5.013	4.633	0.701	17.42	25.32
PS-120k-10	761	827	1 956	4.814	4.474	0.700	17.66	25.08
PS-120k-15	706	825	1 827	4.772	4.306	0.722	17.68	24.74
PS-120k-20	695	804	1 635	4.729	4.225	0.582	17.12	23.35
PS-120k-40	663	773	1 693	4.710	4.100	0.561	17.59	28.53
PS-120k-60	634	684	1 605	4.367	3.711	0.603	17.67	30.37
PS-120k-80	544	628	1 578	4.058	3.341	0.601	17.63	34.63

注：$D_{pore,\ BJH}$ 为通过 BJH 方法由脱附分支计算得到的孔直径；D_{pore} 为平均孔直径，根据公式 $D_{pore}=4V_{total}\ /\ S_{BET}$ 计算得到。

气凝胶内部除了存在大量的介孔结构，还存在一部分微孔结构，从图 4-10 中气凝胶的 N_2 吸附曲线可以看出，在极低压区（p/p_o<0.01）的吸附曲线呈明显陡峭上升，然后弯曲成平台，这充分说明了微孔结构的存在。由于微孔拥有更小的孔直径（<2 nm），所以能够在很大程度上影响气凝胶材料的比表面积[241]。通过 TIPS 法制备 PMMA 改性 SiO_2 气凝胶的过程中，聚合物不仅进入了介孔之中，还填充了部分微孔，致使改性气凝胶的比表面积大幅度减小，平均孔直径增大。通过对比 PS-0-0 与 PS-35k-80 在极低压区（p/p_o<0.01）的吸附量可以发现，PMMA 改性气凝胶由于微孔被填充，吸附量明显下降。表 4-5 中，根据 nonlocal density functional theory (NLDFT) 方法和 dubinin-radushkevich (DR) 方程计算得到的比表面积和孔体积均有所下降，也证明了上面的推断。

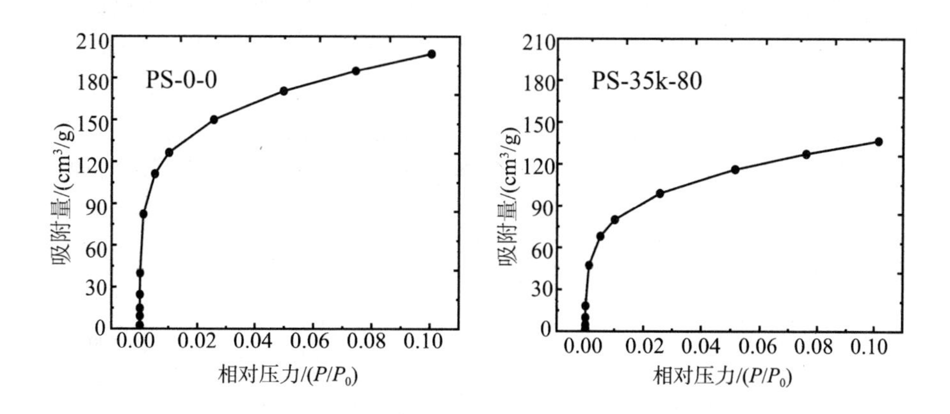

图 4-10　气凝胶在低压区（p/p_0<0.1）的 N_2 吸附等温线

4.3.5 TIPS法制备PMMA改性SiO_2气凝胶的热性能

图 4-11（a）为未改性气凝胶与 PMMA 改性气凝胶的热重曲线，观察发现，未改性气凝胶存在两个较为明显的质量损失阶段，第一阶段在 80~150 ℃，约为 3%，主要来自吸附水和残余溶剂的蒸发；第二阶段发生在 400~550 ℃，质量损失较前一阶段更大，约为 6.1%，这是因为硅羟基 Si–OH 之间发生了缩聚反应[242]。TIPS 法制备的 PMMA 改性气凝胶在升温过程中也表现出了两次明显的失重，第一次是从 50 ℃开始到 150 ℃，气凝胶中的吸附水和残余溶剂蒸发；第二次质量损失出现在 300~500 ℃，失重率最高可达 22%（样品 PS-35k-80），这是由于 PMMA 发生了分解。图 4-11（b）为样品 PS-120k-80 的微熵热重曲线，可以看出，在 298 ℃和 387 ℃处有两个明显的峰，且 387 ℃的峰值最大，这说明 PMMA 在 298 ℃时已经开始少量分解，在 387 ℃时分解速率达到最大，所以，TIPS 法制备的 PMMA 改性气凝胶的热稳定性可以保持到 280 ℃。

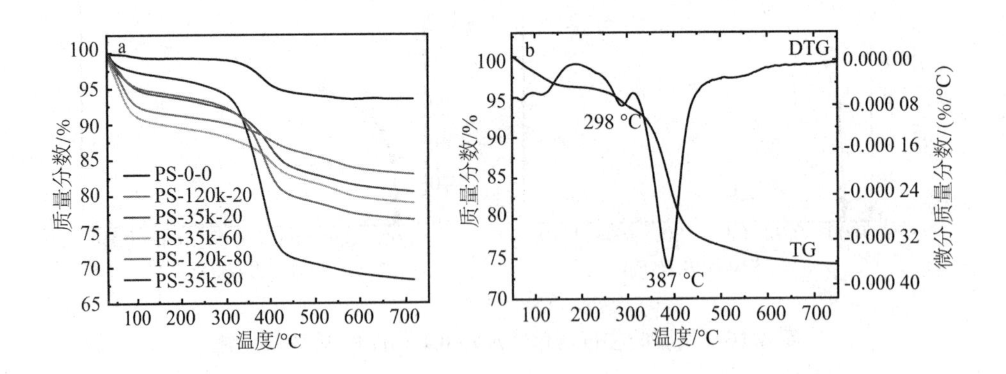

图 4-11　PMMA 改性气凝胶的热重 / 微熵热重曲线

为了表征 TIPS 法制备的 PMMA 改性气凝胶的导热性能，本章采用瞬态平面热源法，利用瑞典 Hot Disk 公司的热常数分析仪，在室温 24 ℃条件下对改性气凝胶样品进行了热导率测试。测试设备及样品如图 4-12 所示。在测定固体试样的热导率时，Hot Disk 探头被夹在两块尺寸相同的试样的中间，探头与试样形成夹层结构，且应使试样光滑的面与探头接触，并将两者夹紧以减少接触热阻。图 4-13 为不同聚合物浓度的改性气凝胶的热导率。从结果可以看出，随着 PMMA 浓度的增加，改性气凝胶的热导率逐渐增大。由于 PMMA 沉积在凝胶骨架表面，使改性气凝胶的骨架尺寸增粗，体积密度增大，所以气凝胶中的固相导热增加。此外，由于 PMMA 的引入使改性气凝胶内部分微孔结构被填充，平均孔直径增大，因而增加了改性气凝胶的气相导热。当 PMMA 浓度为 80 mg/mL 时，改性气凝胶的热导率达到最大，为 28.61 mW/(m·K)。

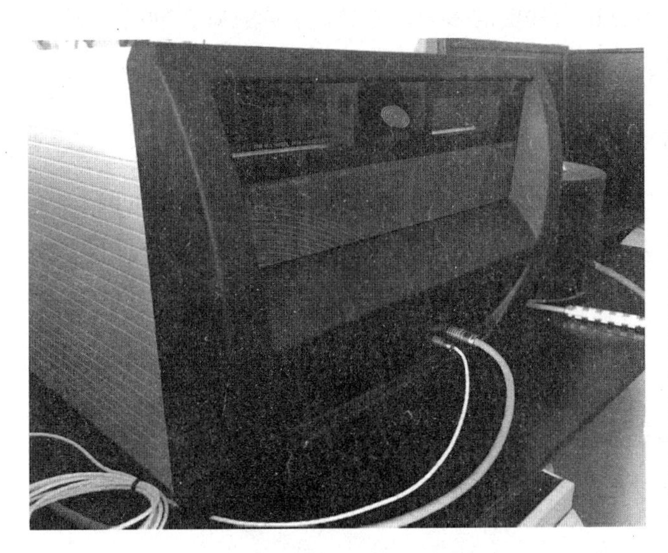
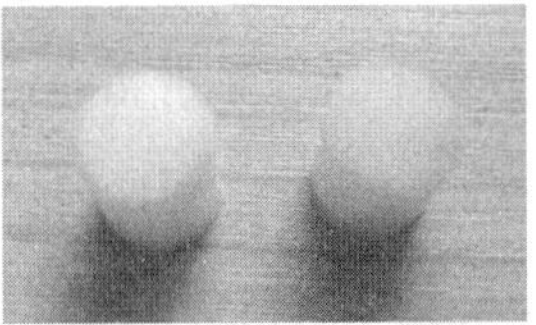

图 4-12　PMMA 改性气凝胶的热导率测试

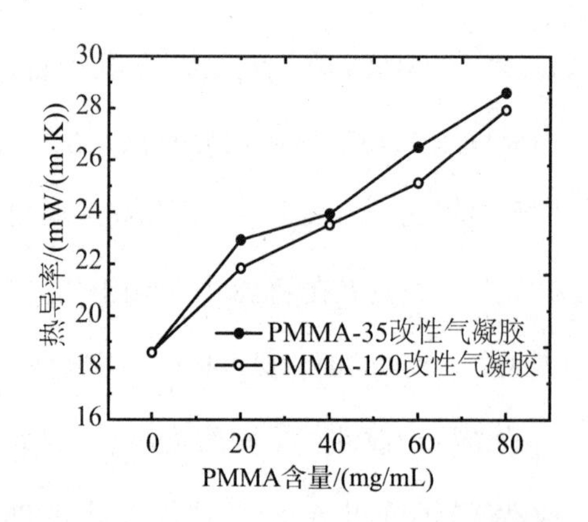

图 4-13　不同 PMMA 浓度的改性气凝胶的热导率

4.3.6　TIPS法制备PMMA改性SiO_2气凝胶的力学性能

通过 TIPS 法制备的 PMMA 改性 SiO_2 气凝胶的力学性能得到了改善，但气凝胶材料并没有统一的力学性能测试标准，为了测试改性气凝胶的抗弯性能，分析不同 PMMA 浓度对气凝胶抗弯性能的影响，本章参考 ASTM D790 和 ASTM C684 标准，采用 Instron 5540 试验机，通过三点抗弯实验测试了改性气凝胶的抗弯强度，得到了力 - 挠度曲线，如图 4-14 所示。测试样品为长圆柱形，长度约 70 mm，直径约 8.5 mm，实验中采用跨度 50 mm，加载速度 0.04 inch/min。弯曲模量通过以下公式计算得到：

$$E = \frac{SL^3}{12\pi r^4} \tag{4.1}$$

其中，S 为力 - 挠度曲线的斜率；L 为跨度；r 为样品直径。每一个浓度的改性气凝胶测试 4 个样品，取平均值，所得抗弯强度与弯曲模量的结果列于表 4-6。

表 4-6 PMMA 改性气凝胶的抗弯性能

样品	C_{PMMA} / (mg/ml)	体积密度 / (g/cm^3)	抗弯性能 / MPa	弯曲模量 / MPa	比表面积 / (m^2/g)
PS-0-0	0	0.139 ± 0.002	0.098 ± 0.02	5.61 ± 0.24	877
PS-35k-20	20	0.153 ± 0.004	0.113 ± 0.013	7.10 ± 0.71	639
PS-35k-40	40	0.154 ± 0.001	0.125 ± 0.011	6.98 ± 0.96	523
PS-35k-60	60	0.165 ± 0.004	0.139 ± 0.024	7.58 ± 0.17	517
PS-35k-80	80	0.178 ± 0.010	0.215 ± 0.046	12.60 ± 0.25	486
PS-120k-20	20	0.153 ± 0.005	0.137 ± 0.030	8.01 ± 0.23	695
PS-120k-40	40	0.156 ± 0.003	0.148 ± 0.022	8.66 ± 0.11	663
PS-120k-60	60	0.159 ± 0.003	0.152 ± 0.035	9.63 ± 0.16	634
PS-120k-80	80	0.162 ± 0.002	0.169 ± 0.027	11.06 ± 0.12	544

通过分析图 4-14 中改性气凝胶的力 - 挠度曲线可知，随着 PMMA 浓度的增加，改性气凝胶在承受相同荷载时所产生的弯曲变形逐渐减小。这说明随着 PMMA 的引入，改性气凝胶抵抗弯曲变形的能力增强。从表 4-6 中的测试结果可以看出，与未改性的空白气凝胶相比，聚合物溶液浓度最大时，改性气凝胶 PS-35k-80 的抗弯强度和弯曲模量均增加了 1.2 倍，PS-120k-80 的抗弯强度和弯曲模量也分别增加了 0.73 倍和 0.49 倍。

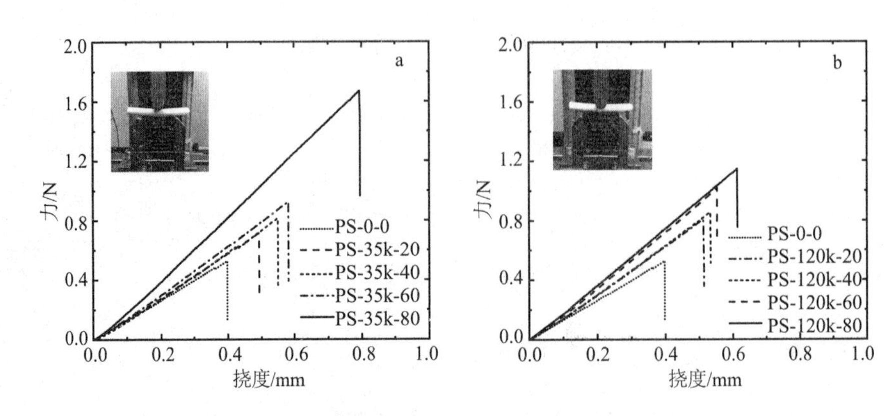

图 4-14　PMMA 改性气凝胶的力 - 挠度曲线

(a) PMMA-35k 改性气凝胶；(b) PMMA-120k 改性气凝胶

研究表明，SiO_2 气凝胶的强度和弹性模量与密度之间存在着幂函数关系[243-244]。那么在分析气凝胶的力学性能时，如果不考虑体积密度的影响，而直接对比改性与未改性气凝胶的强度和模量，则不足以证明聚合物对气凝胶力学性能的增强作用。所以，本研究分别对气凝胶的密度、抗弯强度和弯曲模量取对数，然后绘制了双对数曲线，并进行线性拟合，结果如图 4-15 所示。

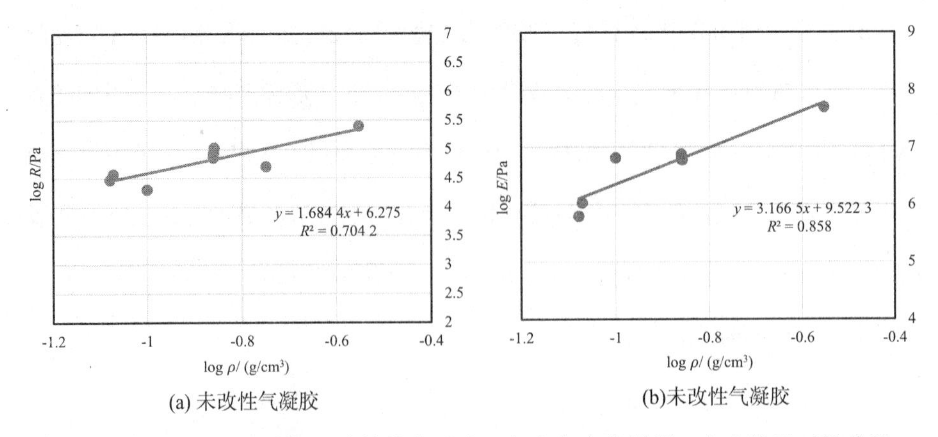

(a) 未改性气凝胶　　(b)未改性气凝胶

图 4-15　PMMA 改性气凝胶的抗弯强度 - 密度和弯曲模量 - 密度的双对数曲线

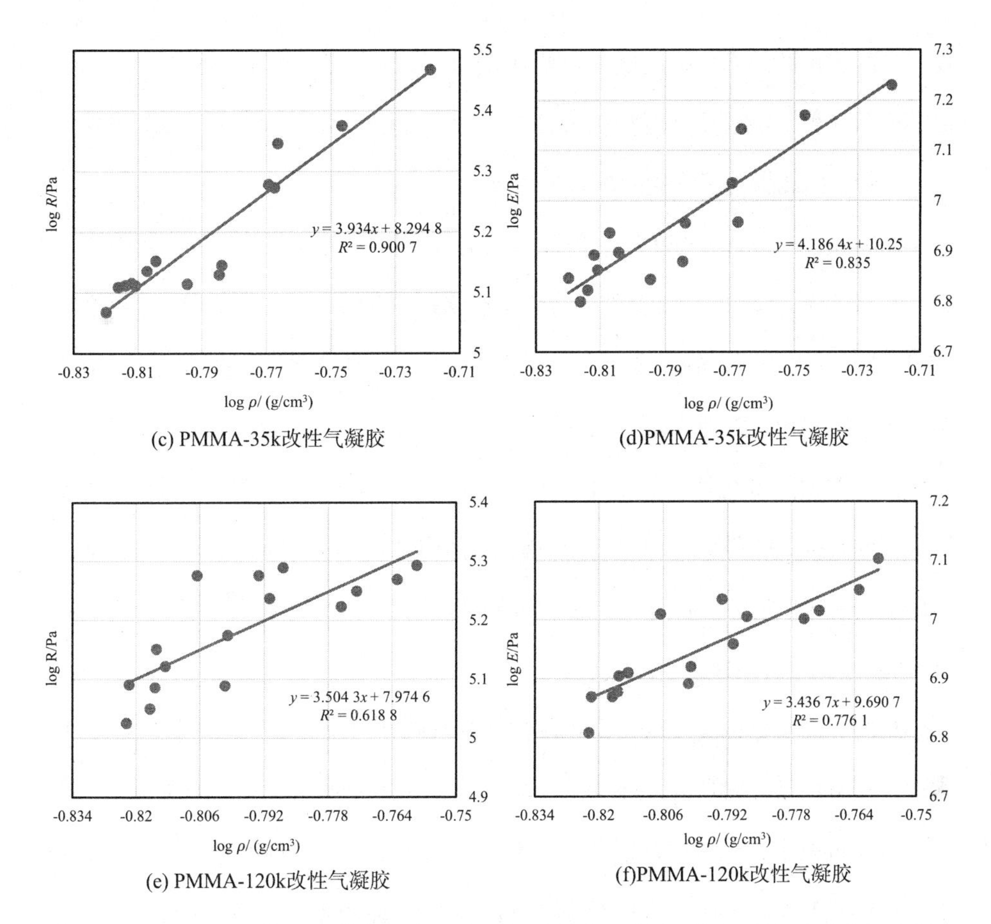

(c) PMMA-35k改性气凝胶　　(d)PMMA-35k改性气凝胶

(e) PMMA-120k改性气凝胶　　(f)PMMA-120k改性气凝胶

图 4-15　PMMA 改性气凝胶的抗弯强度 - 密度和弯曲模量 - 密度的双对数曲线（续）

通过分析图 4-15 中的曲线及相关数据，可以知道，在密度相同的条件下，改性气凝胶的抗弯强度和弯曲模量均大于未改性气凝胶。虽然改性和未改性气凝胶的力学性能均会随着密度的增加而增强，但是，采用 TIPS 法在凝胶中引入 PMMA 比增加相同质量的 SiO_2 骨架更能够提高气凝胶的力学性能。这是因为气凝胶中 SiO_2 质量增加就意味着凝胶骨架中会出现更多数量的粒子间连接部位，而粒子间连接部位恰恰是造成气凝胶力学性能较差的主要原因。通过 TIPS 法在凝胶中引入聚合物，使其沉积和包裹在 SiO_2 粒子的表面，增大了粒子间连接部位的面积，因此提高了气凝胶的力学性能。

图 4-16 为 PMMA 改性气凝胶的应力 - 应变曲线及样品压缩前后的对比照片。观察发现，应力 - 应变曲线上存在锯齿状或不光滑区域，这是因为样品在压缩过程中出现裂纹或者有小的碎片崩落。PMMA 改性气凝胶的整个应力 - 应变曲线大致可以分为三个阶段，如图 4-16（c）所示，在较小应变区（< 2%），应力随应变的增加呈线性，气凝胶表现出线弹性。之后应力随应变的增加几乎不再变化或有微小的增加（2%~4%），这一段为屈服阶段。继续压缩，气凝胶的应力随应变快速增加（> 4%），最终样品的外层破碎崩落，只剩下核心少部分样品被压实，这一段为强化阶段。

从应力 - 应变曲线可以看出，改性气凝胶破坏时的应变最大可达 75%，而未改性气凝胶破坏时的应变仅为 35%。这是由于聚合物具有良好的柔韧性，在压缩实验过程中，气凝胶的固体骨架发生较大变形时二次粒子的连接部位才会发生破碎或断裂，而当承受的荷载相同时，改性气凝胶所产生的应变比未改性气凝胶要小。由此说明，TIPS 法制备的 PMMA 改性气凝胶的抗压性能比未改性气凝胶有显著改善。具体抗压测试结果如表 4-7 所示，通过对比发现，改性气凝胶 PS-35k-80 的抗压强度和弹性模量比未改性气凝胶分别提高了 14 倍和 1.8 倍，PS-120k-80 的抗压强度和弹性模量比未改性气凝胶分别提了 8.9 倍和 1.4 倍。

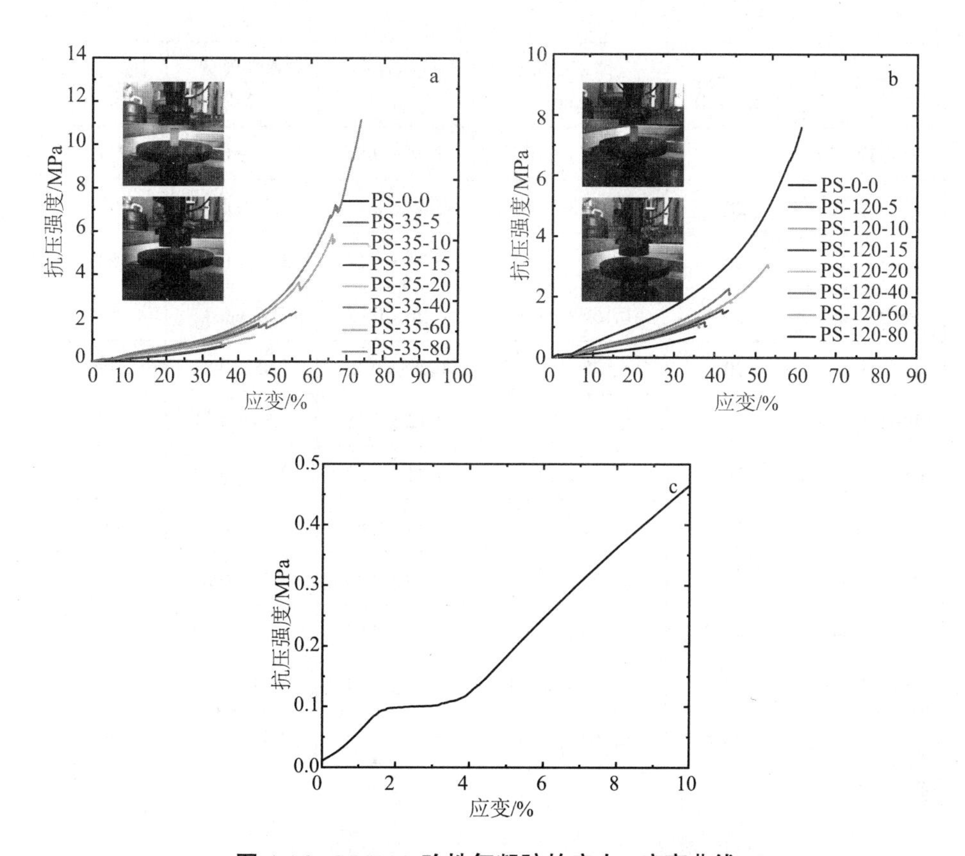

图 4-16 PMMA 改性气凝胶的应力 - 应变曲线

(a) 为 PMMA-35k 改性气凝胶；(b) 为 PMMA-120k 改性气凝胶；

(c) 低应变区域的应力 - 应变曲线

表 4-7 PMMA 改性气凝胶的抗压力学性能

样品	C_{PMMA} / (mg/ml)	体积密度 / (g/cm^3)	抗压强度 / MPa	弹性模量 / MPa	比表面积 / (m^2/g)
PS-0-0	0	0.139 ± 0.002	0.74 ± 0.17	1.78 ± 0.31	877
PS-35k-5	5	0.140 ± 0.002	0.78 ± 0.27	1.88 ± 0.30	812
PS-35k-10	10	0.147 ± 0.004	1.15 ± 0.52	2.11 ± 0.36	804

续表

样品	C_{PMMA} / (mg/ml)	体积密度 / (g/cm^3)	抗压强度 / MPa	弹性模量 / MPa	比表面积 / (m^2/g)
PS-35k-15	15	0.152 ± 0.003	1.68 ± 0.87	2.66 ± 0.54	731
PS-35k-20	20	0.153 ± 0.004	1.97 ± 0.42	3.53 ± 0.59	639
PS-35k-40	40	0.154 ± 0.001	3.21 ± 0.64	3.75 ± 0.83	523
PS-35k-60	60	0.165 ± 0.004	5.96 ± 0.83	4.52 ± 0.47	517
PS-35k-80	80	0.178 ± 0.010	11.15 ± 1.22	5.05 ± 0.82	486
PS-120k-5	5	0.143 ± 0.002	1.12 ± 0.78	1.85 ± 0.21	792
PS-120k-10	10	0.145 ± 0.003	1.31 ± 0.53	2.01 ± 0.28	761
PS-120k-15	15	0.151 ± 0.005	1.54 ± 0.61	2.50 ± 0.50	706
PS-120k-20	20	0.153 ± 0.005	1.79 ± 0.35	3.22 ± 0.22	695
PS-120k-40	40	0.156 ± 0.003	2.01 ± 0.92	3.33 ± 0.19	663
PS-120k-60	60	0.159 ± 0.003	3.06 ± 1.01	3.54 ± 0.30	634
PS-120k-80	80	0.162 ± 0.002	7.31 ± 1.59	4.34 ± 0.72	544

考虑到气凝胶的密度对力学性能的影响，此处同样采用抗压强度 - 密度的双对数曲线和弹性模量 - 密度的双对数曲线对气凝胶的抗压性能进行分析，如图 4-17 所示。通过对比发现，改性气凝胶的抗压强度 - 密度双对数曲线和弹性模量 - 密度的双对数曲线的斜率远大于未改性气凝胶，这说明在密度相同的条件下，PMMA 改性气凝胶的抗压强度和弹性模量均大于未改性气凝胶，采用 TIPS 法制备的 PMMA 改性 SiO_2 气凝胶的力学性能得到了显著提高。

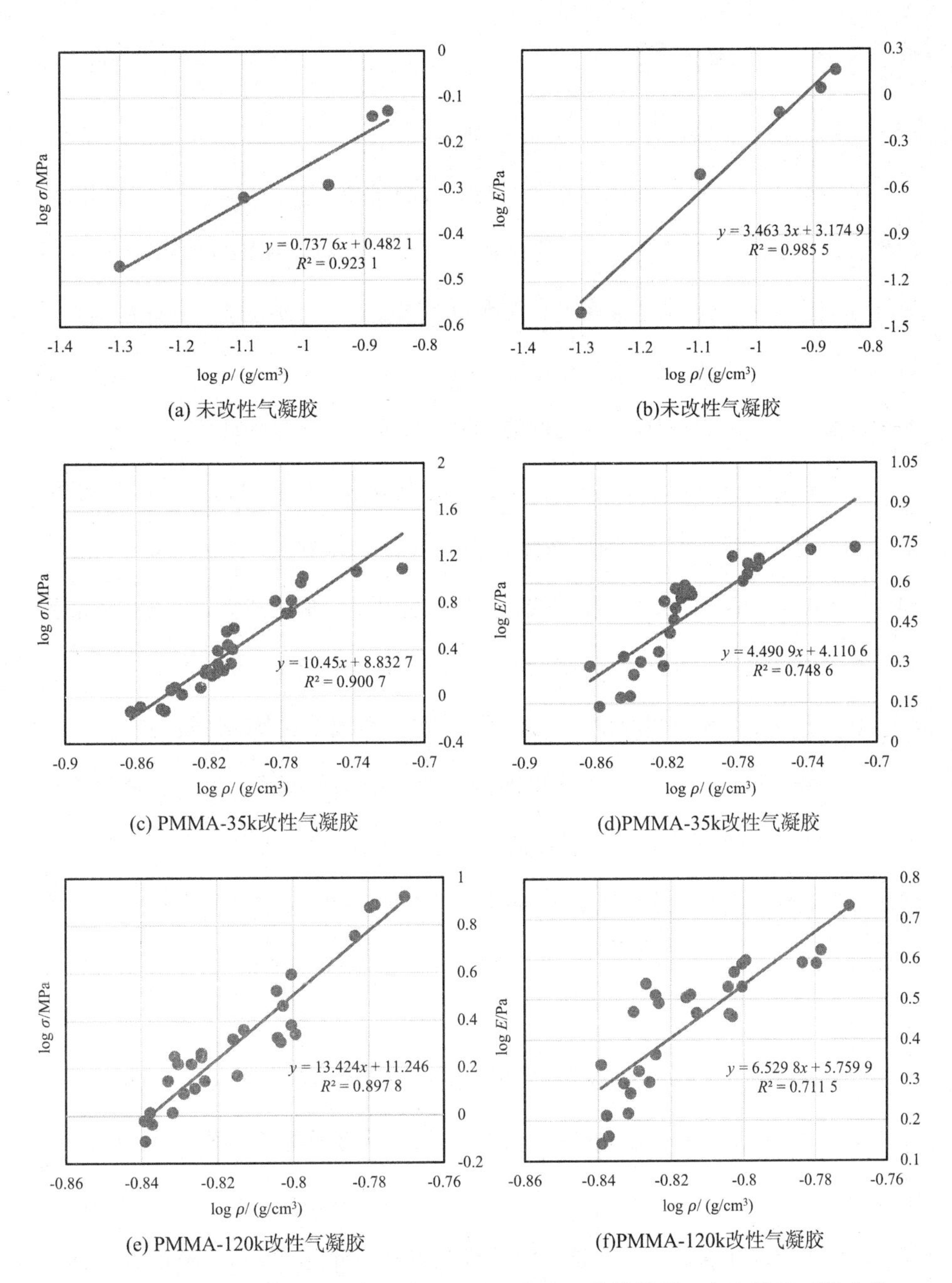

图 4-17　PMMA 改性气凝胶的抗压强度 - 密度和弹性模量 - 密度的双对数曲线

4.4 本章小结

本章提出了采用热致相分离（TIPS）法制备聚甲基丙烯酸甲酯（PMMA）改性 SiO_2 气凝胶的工艺方法。采用这种方法结合超临界干燥技术制备的 PMMA 改性 SiO_2 气凝胶表现出了低密度、高孔隙率和优异的力学性能，在保温隔热领域具有广阔的应用前景。通过对 PMMA 在乙醇 / 水（$V_{EtOH}:V_{H_2O}=4:1$）混合溶剂中的溶解和 PMMA 改性气凝胶的特性进行分析，可以得到如下主要结论。

（1）通过研究 PMMA 在乙醇与水的混合溶液（$V_{EtOH}:V_{H_2O}=4:1$）中的溶解行为及相分离机理，得到了浓度范围在 0.65 wt% 到 28 wt% 之间的 PMMA（M_W=35 000）溶液的浊点温度曲线，并以此为基础，根据超临界干燥条件和聚合物溶液黏度选取了浓度为 0.65 wt%、1.1 wt%、1.8 wt%、2.3 wt%、4.6 wt%、8.8 wt% 和 10.7 wt% 的 PMMA 溶液，用于热致相分离法制备改性气凝胶。

（2）采用热致相分离法制备的 PMMA 改性 SiO_2 气凝胶，其线性收缩率可低至 6.0%，明显小于未改性的气凝胶，孔隙率可以保持在 90% 以上。当 PMMA 溶液浓度达到最大时，改性气凝胶 PS-35k-80 的密度最大，为 0.178 g/cm^3，与未改性气凝胶相比增加了 28%，其他 PMMA 浓度的改性气凝胶，体积密度的增加量均小于 15%。

（3）通过场发射扫描电镜观察发现，热致相分离法制备的 PMMA 改性气凝胶呈现出无规则的三维网络状结构，SiO_2 骨架粒子为团簇状。随着 PMMA 溶液浓度的增加，改性气凝胶中 SiO_2 粒子逐渐增大，骨架增粗，网络结构更加致密，粒子之间的串珠状连接不再明显。N_2 物理吸附的分析结果显示，PMMA 改性气凝胶为均匀的介孔结构，PMMA 填充了部分微孔结构，造成比表面积降低。

（4）由热致相分离法制备的 PMMA 改性气凝胶表现出了优异的力学性能，压缩实验中，改性气凝胶破坏时的应变最大可达 75%，而未改性气凝胶破坏时的应变仅为 35%。PMMA-35k 改性气凝胶的抗压强度和弹性模量最高可达 11.15 MPa 和 5.05 MPa，比未改性气凝胶分别提高了 14 倍和 1.8 倍。抗弯强度和弯曲模量最高可达 0.215 MPa 和 12.60 MPa，与未改性气凝胶相比均增加了 1.2 倍。PMMA-120k 改性气凝胶的抗压强度和弹性模量最高可达 7.31 MPa 和 4.34 MPa，比未改性气凝胶分别提高了 8.9 倍和 1.4 倍。抗弯强度和弯曲模量最高可达 0.169 MPa 和 11.06 MPa，与未改性气凝胶相比也分别增加了 0.73 倍和 0.49 倍。

（5）虽然聚合物的引入会使改性气凝胶的热稳定性受到影响，但是热重分析结果显示，PMMA 改性气凝胶的热稳定温度仍可以保持到 280 ℃，并且采用瞬态平面热源法测得 PMMA 改性气凝胶在常温下的热导率最大为 28.61 mW/(m · K)，由此说明，通过热致相分离法制备的 PMMA 改性气凝胶的隔热性能良好，在 280 ℃以下可以用作保温隔热材料。

（6）采用热致相分离法制备聚合物改性气凝胶与化学交联反应制备聚合物改性气凝胶相比具有一定的优势，可以在增强力学性能的同时最大限度地保留气凝胶高孔隙率和低密度的特性。并且整个制备过程无须大量溶剂交换，无须引发化学反应，更不存在有毒或污染环境的副产物。仅利用降温来诱发聚合物溶液相分离，使聚合物沉积于骨架粒子表面及粒子间连接部位，实现对凝胶骨架的加固和增强。

5 乙烯－乙烯醇共聚物增强改性 SiO_2 气凝胶的制备及性能

5.1 引言

采用热致相分离法制备聚合物改性 SiO_2 气凝胶的关键在于选择合适的聚合物 / 稀释剂体系，将聚合物溶液引入凝胶孔洞中，通过降温诱导相分离，使聚合物沉积在凝胶骨架粒子的表面，经过超临界干燥，将溶剂从凝胶孔洞中萃取出来，得到高孔隙率的聚合物改性气凝胶材料。在第 4 章的研究中，利用乙醇和水的混合溶剂制备了不同浓度的 PMMA 溶液，选取了合适浓度，通过热致相分离法结合超临界干燥技术制备了低密度、低热导率和力学性能优异的 PMMA 改性 SiO_2 气凝胶。本章将延续这一思路，寻找新的聚合物 / 稀释剂体系，力图实现 SiO_2 气凝胶在力学性能和热稳定性上的更大改善。

乙烯 - 乙烯醇共聚物（EVOH）是一种结晶性无规共聚物，既包含了亲水的乙烯醇单元又包含了憎水的乙烯单元，化学式为 $(CH_2CH_2)_x[CH_2CH(OH)]_y$，其中乙烯的比例通常为 20%~40%，乙烯醇的比例为 60%~80%。EVOH 将乙烯聚合物的加工性和乙烯醇聚合物的阻隔特性相结合，使其表现出良好的机械性能，生物相容性，以及对气体、气味、香料、溶剂等的优异阻隔作用[245]。同时，与PMMA相比，EVOH具有更高的热稳定性。大阪大学Hiroshi Uyama教授利用异丙醇和水（V_{IPA}：V_{H_2O}=0.65∶0.35）的混合溶液作为稀释剂，在80 ℃加热条件下制备了均匀透明的EVOH溶液，并通过降温诱导相分离，制备了多孔EVOH块体材料[246]。

受此启发，在本章的研究中，以乙烯-乙烯醇共聚物为增强聚合物，异丙醇和水的混合溶液（V_{IPA}：V_{H_2O}=0.65∶0.35）作为稀释剂，制备了不同浓度的EVOH溶液，通过热致相分离法和超临界干燥工艺得到了EVOH改性SiO_2气凝胶。通过TIPS法制备的EVOH改性SiO_2气凝胶表现出了良好的力学性能和更高的热稳定温度。

5.2 实验部分

5.2.1 原料及设备

本章实验中所使用的试剂如表5-1所示。

表5-1 实验原料及试剂

试剂名称	规格	来源
乙烯-乙烯醇共聚物（乙烯27 mol%）	分析纯	Sigma-Aldrich (St. Louis, MO)
异丙醇	分析纯	Sigma-Aldrich (St. Louis, MO)

续表

试剂名称	规格	来源
正硅酸乙酯	分析纯	Sigma-Aldrich (St. Louis, MO)
无水乙醇	分析纯	Decon Labs, Inc. (King of Prussia, PA)
氨水	分析纯	Kanto Co (Portland, OR)
盐酸	分析纯	EMD Millipore Co (Billerica, MA)
去离子水	—	实验室自制

本章实验中所使用的实验设备如表 5-2 所示。

表 5-2　实验设备

仪器设备	仪器型号	生产厂家
电子天平	AL204	梅特勒 - 托利多公司
磁力搅拌器	MS4	IKA-Werke GmbH & Co. KG
电热恒温真空干燥箱	VD23	Binder GmbH Co.
超临界干燥设备	Polaron E3100	Quorum Technologies Ltd

5.2.2 乙烯－乙烯醇共聚物溶液的制备

本章采用乙烯含量为 27 mol% 的乙烯 - 乙烯醇共聚物制备聚合物溶液，以异丙醇和水的混合溶液作为溶剂。首先按照 V_{IPA}：V_{H_2O}=0.65：0.35 的比例配制均匀的混合溶剂，称取一系列不同质量的 EVOH 分别与 6 mL 混合溶剂一起注入 20 mL 容积的玻璃瓶中，加热至 70 ℃，磁力搅拌，直至混合溶剂中的固体 EVOH 溶解消失，此时溶液呈均匀透明状态。

5.2.3 乙烯-乙烯醇共聚物改性SiO_2醇凝胶的制备

首先以正硅酸乙酯为前驱体，采用酸 - 碱两步催化及溶胶 - 凝胶法制备 SiO_2 醇凝胶。取 20.8 g（0.1 mol）正规酸乙酯、18.4 g（0.4 mol）乙醇和 1.8 mL 0.04 ml/L 的盐酸溶液混合于 100 mL 锥形瓶中，在 60 ℃加热条件下磁力搅拌 1.5 h，使正硅酸乙酯充分水解。取 5 mL 水解后的混合溶液，滴加 1 mL 0.25 ml/L 的氨水进行催化，并注入样品成型管，静置 17 min 后凝胶形成。将凝胶在室温下老化 24 h，然后从成型管中取出，浸泡于异丙醇中，密封，置于 50 ℃恒温干燥箱中 24 h。溶剂交换完成后，将干燥箱升温至 70 ℃，采用 EVOH 溶液对凝胶浸泡 3 d，使 EVOH 能够充分浸入凝胶内部，之后将凝胶从干燥箱中取出，于室温 25 ℃下缓慢降温，引发相分离，然后将相分离的 EVOH 改性醇凝胶移入 10 ℃无水乙醇中，放入 10 ℃冰箱保存 3 d。如图 5-1（a）所示，EVOH 改性醇凝胶在 10 ℃无水乙醇中呈现出白色。

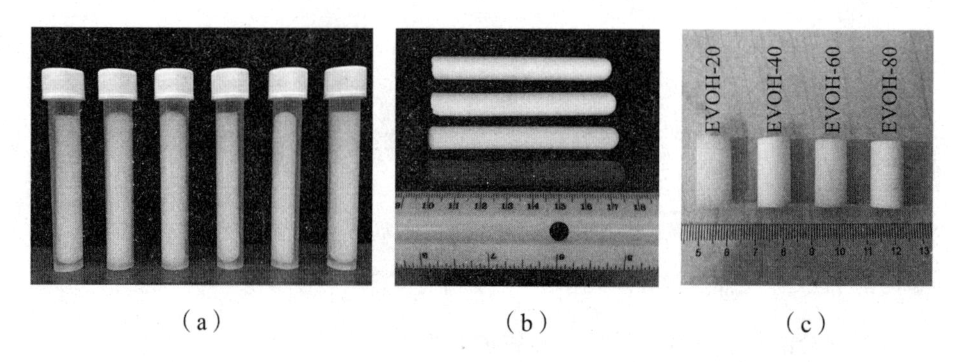

（a）（b）（c）

图 5-1 乙醇中相分离的 EVOH 改性醇凝胶和 EVOH 改性气凝胶

5.2.4 CO_2超临界干燥

采用 TIPS 制备的 EVOH 改性 SiO_2 醇凝胶中含有大量的异丙醇和少量的水，常压干燥的方法同样不适合这类凝胶，所以本章利用了 CO_2 超临界干燥工艺。EVOH 溶液的制备采用了异丙醇和水的混合溶剂，而超临界干燥常用乙醇作为溶剂，故在室温下诱导相分离后便将 EVOH 改性醇凝胶移入 10 ℃乙醇中保存 3 d，进行溶剂交换，之后通过超临界干燥，得到 EVOH 改性气凝胶，具体干燥步骤如下。

（1）首先在干燥设备的样品室中加入 150 mL 乙醇，并降温至 10 ℃，将 EVOH 改性醇凝胶从样品管中移出，用 10 ℃乙醇洗涤 4 次，确保凝胶表面光滑，无残留的 EVOH，然后放入样品室中。

（2）然后打开进气阀门，使 CO_2 缓慢溶于乙醇，1 h 以后，打开排气阀门，利用 CO_2 对乙醇进行置换，循环三次后，放置 24 h，继续置换 5 次，直至回收得到全部乙醇。

（3）置换完成后，将样品室体积的 2/3 充满液态 CO_2，升高温度至 35 ℃，同时样品室内压力上升到 8 MPa，保持 1 h，直至样品室内气 – 液界面消失，CO_2 达到超临界状态，然后打开排气阀门，使 CO_2 缓慢排出干燥设备，排气耗时大于 8 h 为佳。CO_2 超临界干燥得到的 EVOH 改性气凝胶如图 5-1（c）所示，未改性气凝胶为淡蓝色，EVOH 改性气凝胶为白色。TIPS 法制备 EVOH 改性 SiO_2 气凝胶的主要工艺过程如图 5-2 所示。

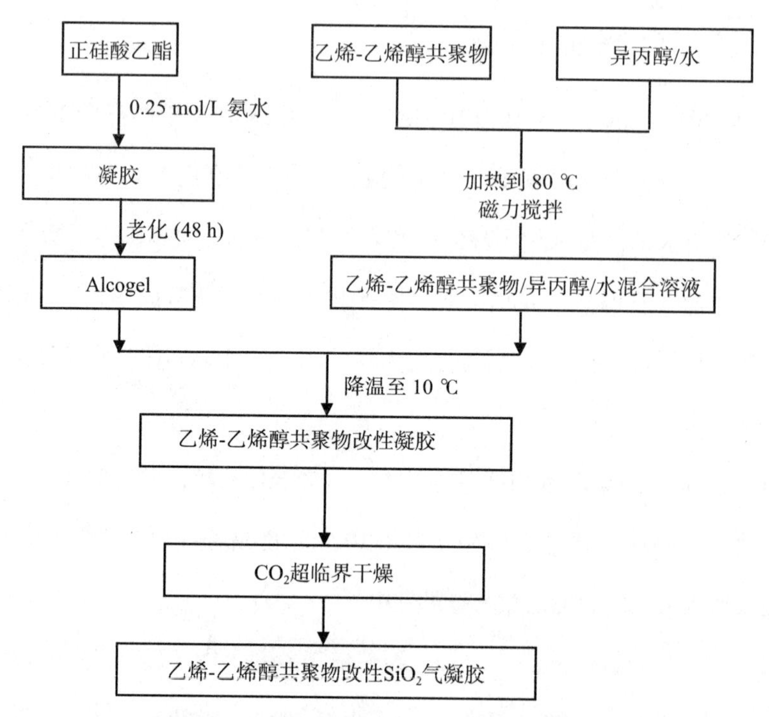

图 5-2 乙烯 - 乙烯醇共聚物改性 SiO_2 气凝胶的制备流程图

5.2.5 结构及性能表征

本章实验中所使用的分析测试设备如表 5-3 所示。

表 5-3 实验中所用的分析仪器

仪器名称	生产厂家
TD2400 真密度测试仪	彼奥得电子技术有限公司
Mettler Toledo STARe 综合热分析仪	梅特勒 - 托利多公司
Nicolet Avatar 360 傅立叶变换红外光谱	美国热电公司
NOVA 4200e 全自动物理吸附仪	美国康塔仪器公司

续表

仪器名称	生产厂家
Nova Nanosem 450 场发射扫描电镜	美国 FEI 公司
Instron 5540 万能材料试验机	美国 Instron 公司
TPS 2500S 热常数分析仪	瑞典 Hot disk 公司

5.3 结果与讨论

5.3.1 EVOH改性气凝胶的基本性能

通过 TIPS 法分别制备了 4 种不同聚合物浓度的 EVOH 改性气凝胶，其基本物理性质如表 5-4 所示。以 EA-X 表示气凝胶样品的名称，X 为 EVOH 溶液浓度，即 X mg/mL。通过对比可以看出，EVOH 溶液的浓度对改性气凝胶的密度、孔隙率和线性收缩率都有一定的影响。通过浸泡进入凝胶孔洞中的 EVOH 溶液，在降温过程中 EVOH 不断的沉积在 SiO_2 骨架粒子的表面，同时部分微孔结构被其填充，使改性气凝胶的体积密度增大，孔隙率降低，比表面积下降。改性气凝胶的骨架结构由于 EVOH 的包裹得到了增强，因此在干燥过程中的线性收缩率降低。当 EVOH 溶液浓度最大时，与未改性气凝胶相比，EA-80 的体积密度增加了 45%，孔隙率降低了 7.36%，线性收缩率可由 8.6% 降至 6.9%。与掺杂纤维 [247–250] 或化学交联聚合物 [136,141,143,145] 等方法制备的复合气凝胶材料相比，采用 TIPS 法制备的 EVOH 改性气凝胶能够较好地保留气凝胶材料低密度和高孔隙率的特性。

表 5-4　EVOH 改性气凝胶的基本性能

样品	体积密度 / (g/cm^3)	比表面积 / (m^2/g)	孔隙率 / %	线性收缩率 / %	气凝胶中 EVOH 含量 / (g/g)	总热失重 / %
EA-00	0.139 ± 0.002	874	93.7	8.6	0	9.0
EA-20	0.171 ± 0.004	618	91.6	8.2	0.09	21.1
EA-40	0.187 ± 0.005	568	89.5	7.6	0.145	23.6
EA-60	0.195 ± 0.001	429	89.1	7.3	0.152	27.4
EA-80	0.202 ± 0.001	401	86.8	6.9	0.176	29.5

5.3.2 EVOH改性气凝胶的红外光谱

图 5-3 为未改性气凝胶与 TIPS 法制备的 EVOH 改性气凝胶的红外光谱。可以看出，两种气凝胶在 1 070 cm^{-1}、796 cm^{-1} 和 451 cm^{-1} 处均存在吸收峰，分别对应于 Si–O–Si 的反对称伸缩振动、对称伸缩振动和弯曲振动，这是因为该基团构成了二氧化硅气凝胶的网络骨架结构 [86]。未改性气凝胶的谱图在 2 930 cm^{-1} 附近并未表现出 C-H 的伸缩振动吸收峰，这说明说明采用酸 - 碱两步催化法制备气凝胶时，前驱体 TEOS 的水解充分。由于 EVOH 中存在大量 –OH 基团，所以在 3 450 cm^{-1} 表现出较宽的吸收峰，并且 2 930 cm^{-1} 处也出现了 C–H 的伸缩振动吸收峰。这说明 EVOH 确实沉积在了凝胶骨架的表面，对其进行了包裹，因此 960 cm^{-1} 处 Si–OH 的伸缩振动吸收峰较未改性气凝胶明显减弱。

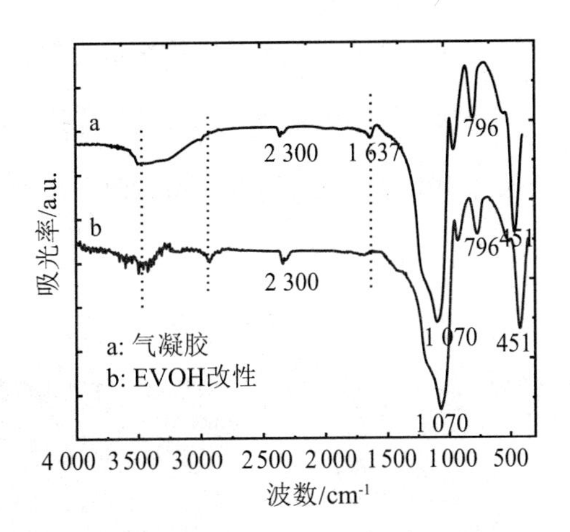

图 5-3 EVOH 改性与未改性 SiO_2 气凝胶的红外光谱

5.3.3 EVOH改性气凝胶的微观形貌及孔结构

采用 TIPS 法制备的不同 EVOH 浓度的改性气凝胶微形貌构如图 5-4 所示。通过超临界干燥技术能够得到完整的块体气凝胶材料，同时在扫描电镜下观察发现，改性气凝胶均呈现出多孔网络状结构，SiO_2 粒子呈团簇状堆积，形成无规则的网络骨架，骨架粒子大小较为均匀。孔径明显小于 200 nm，粒子直径随着 EVOH 浓度的增加而逐渐增大。通过对比可以看出，未改性气凝胶的网络结构更加疏松，孔数量更多，SiO_2 粒子的尺寸更小，约为 7~10 nm，因此气凝胶的体积密度更低，约为 0.125 g/cm^3 左右。随着 EVOH 溶液浓度的增加，改性气凝胶中 SiO_2 粒子直径逐渐增大，最大可增至 20 nm，骨架增粗，网络结构更加致密，孔减少，粒子与粒子之间的串珠状连接不再明显，同时可以观察到 EVOH 对 SiO_2 粒子的包覆使粒子间连接部位的面积增大，此时的改性气凝胶体积密度可增加到 0.200 g/cm^3 左右。

SiO_2 骨架粒子之间的连接部位是气凝胶结构中最为脆弱的部分，EVOH 的包覆使气凝胶本来的串珠状结构得到了改善，粒子间连接部位面积增大了。因此，改性气凝胶在干燥过程中可以抵抗更大的张力而减小收缩，抗压及抗弯强度均有所提高，具体结果及分析见 5.3.5。

(a) 未改性气凝胶，ρ=0.125 g/cm^3

(b) EVOH-20，ρ=0.170 g/cm^3

(c) EVOH-40，ρ=0.186 g/cm^3

(d) EVOH-60，ρ=0.195 g/cm^3

图 5-4　EVOH 改性气凝胶的微观形貌

(e) EVOH-80，ρ=0.206 g/cm^3

图 5-4　EVOH 改性气凝胶的微观形貌（续）

为了进一步分析 EVOH 溶液浓度对改性气凝胶孔结构的影响，采用 N_2 物理吸附仪对气凝胶的孔结构进行了表征和分析。图 5-5 为 EVOH 改性气凝胶的 N_2 吸附 - 脱附等温线及采用 BJH 方法对脱附分支计算得到的孔径分布曲线。从图中可以看到，改性气凝胶的 N_2 吸附 - 脱附曲线均属于Ⅳ型，在高压段（p/p_0 > 0.8）均表现出了 H1 型回滞环，说明 EVOH 改性气凝胶是均匀的介孔结构。随着 EVOH 浓度的增加，改性气凝胶的 N_2 吸附量呈现出逐渐减小的趋势。由孔径分布曲线也可以看出，改性与未改性气凝胶的孔径主要集中在 17~18 nm，但曲线峰值随着聚合物浓度的增加而有所降低，且分布范围逐渐增宽，这说明改性气凝胶的孔体积逐渐减小，大孔开始出现，这与扫描电镜下观察到的气凝胶微观形貌相符合，EVOH 浓度增加，气凝胶结构更加致密，孔体积减小，大孔出现。

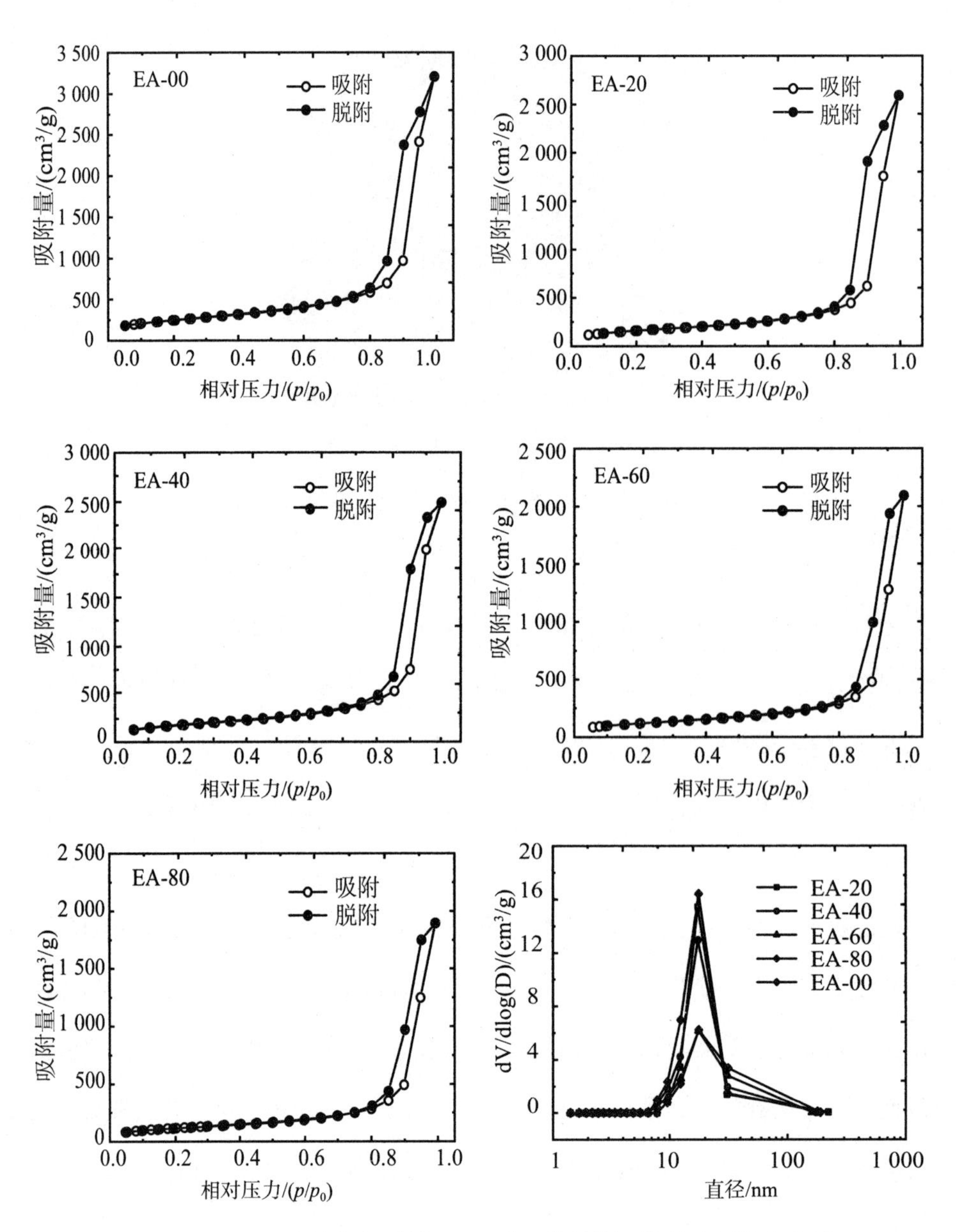

图 5-5　EVOH 改性气凝胶的 N_2 吸附 - 脱附等温线及孔径分布曲线

表 5-5 为 EVOH 改性气凝胶的比表面积、孔体积和孔直径的相关计算结果。随着 EVOH 溶液浓度的增加，沉积于凝胶骨架的聚合物增多，气凝胶的比表面积减小，从表中数据可以看出，未改性气凝胶的比表面积为 874 m^2/g，当 EVOH 浓度增加到 80 mg/mL 时，改性气凝胶的比表面积降至 401 m^2/g，比未改性气凝胶减少了 54%。但仍比采用化学交联改性的方法制备的聚合物增强气凝胶的比表面积大。

表 5-5 EVOH 改性气凝胶的孔分析

样品	S_{BET} / (m^2/g)	S_{NLDFT} / (m^2/g)	S_{DR} / (m^2/g)	V_{total} / (cm^3/g)	$V_{pore, NLDFT}$ / (cm^3/g)	$V_{pore, DR}$ / (cm^3/g)	$D_{pore, BJH}$ / nm	D_{pore} / nm
EA-00	874	928	2352	5.055	4.713	0.870	17.73	23.06
EA-20	618	686	1833	4.019	3.442	0.651	17.35	24.83
EA-40	568	587	1487	3.753	2.987	0.475	17.49	26.40
EA-60	429	453	1196	2.943	2.528	0.425	17.88	27.44
EA-80	401	410	1049	2.742	2.176	0.406	17.33	27.36

由于气凝胶是介孔与微孔并存的孔结构，微孔拥有更小的孔直径（小于 2 nm），所以能够在很大程度上影响气凝胶材料的比表面积[241]。通过 TIPS 法制备 EVOH 改性 SiO_2 气凝胶的过程中，聚合物不仅进入了介孔之中，还填充了部分微孔，致使改性气凝胶的比表面积减小，孔体积减小，平均孔直径增加。通过对比图 5-6 中 EA-00 与 EA-80 在极低压区（$p/p_0 < 0.01$）的吸附量可以发现，EVOH 改性气凝胶由于微孔被填充，吸附量明显下降。表 5-5 中，根据 nonlocal density functional theory (NLDFT) 方法和 dubinin-radushkevich (DR) 方程计算得

到的比表面积和孔体积均有所下降，也证明了这一点。虽然改性气凝胶中的微孔填充造成了比表面积的减小，但同时却使气凝胶结构中最为细脆弱的骨架结构得到了增强。

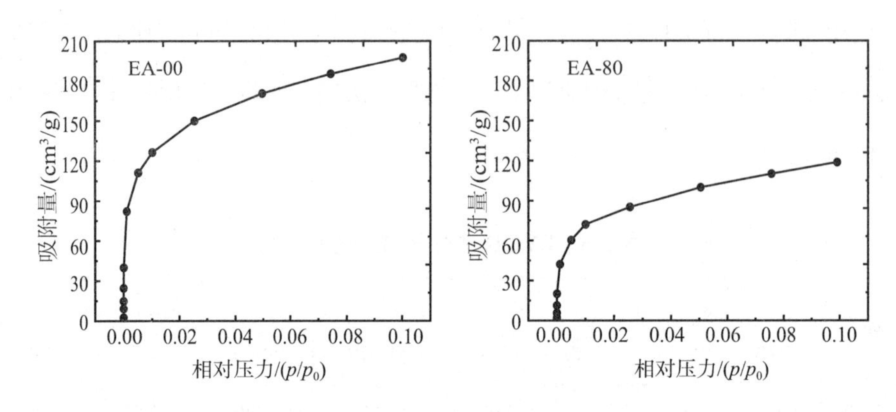

图 5-6　气凝胶在低压区（p/p_0< 0.1）的 N_2 吸附等温线

5.3.4　EVOH改性气凝胶的热性能

对 TIPS 法制备的 EVOH 改性气凝胶进行了热重 / 微熵热重分析，结果如图 5-7 所示。虽然 EVOH 溶液浓度不同，但是改性气凝胶的热失重过程相似，均为两个阶段，第一阶段在 80~100 ℃，主要来自气凝胶中吸附水和残余溶剂的蒸发；第二阶段发生在 300~500 ℃，质量损失较前一阶段更大，失重率最高可达 17.6%（样品 EA-80），是由 EVOH 的分解造成的。图 5-7（b）中的微熵热重曲线在 388 ℃和 475 ℃处存在明显的质量损失，在 475 ℃处峰值最大，这说明 EVOH 在 475 ℃时分解速率最快。通过以上分析可知，TIPS 法制备的 EVOH 改性气凝胶的热稳定性可以保持到 350 ℃，比 TIPS 制备的 PMMA 改性气凝胶的热稳定温度高了 70 ℃。

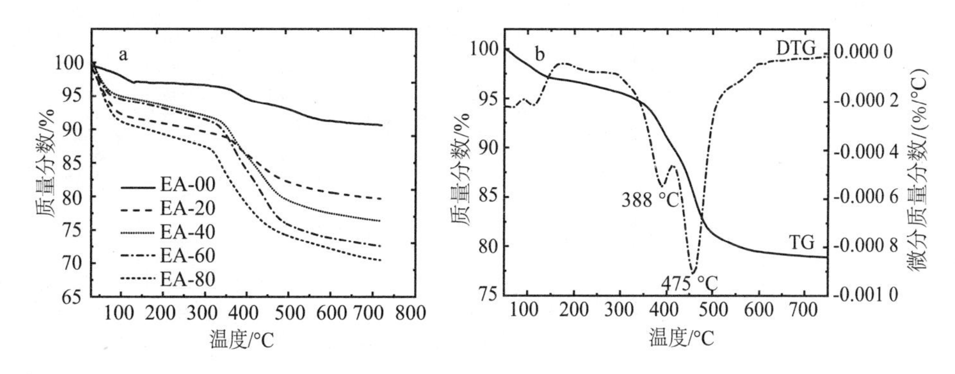

图 5-7 EVOH 改性气凝胶的热重 / 微熵热重曲线

(a)EVOH改性气凝胶的热重曲线；(b)EA-20的热重/微熵热重曲线

热导率是衡量气凝胶材料保温绝热性能的一个重要参数，根据 ISO 22007-2:2008 标准，采用瞬态平面热源法，在室温 24 ℃条件下对 EVOH 改性气凝胶样品的热导率进行了测试。在测定固体试样的热导率时，应根据试样的尺寸选择合适探头，Hot Disk 探头被夹在两块尺寸相同的试样中间，形成夹层结构，与探头接触的试样表面应保持光滑平行，并且两块试样应夹紧以减少接触热阻。图 5-8 为 EVOH 改性气凝胶在不同聚合物浓度时的热导率。当 EVOH 浓度为 20 mg/mL 时，改性气凝胶的热导率为 27.13 mW/(m・K)，随着 EVOH 浓度的增加，改性气凝胶的体积密度增大，气凝胶中的固相含量增加，平均孔直径增大，造成其热导率随之增加。当 EVOH 浓度为 80 mg/mL 时，热导率达到 31.56 mW/(m・K)。

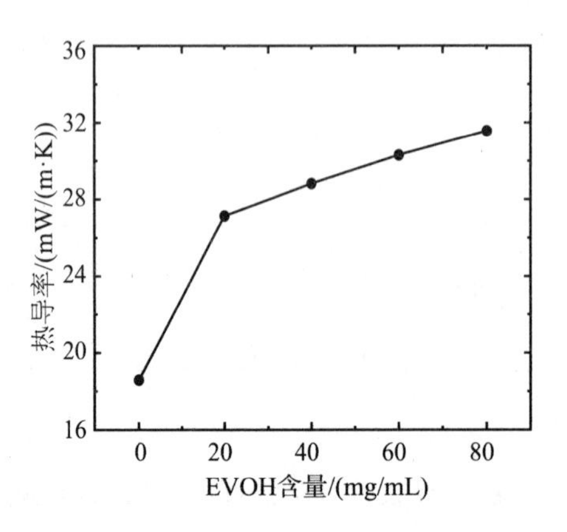

图 5-8　EVOH 改性气凝胶的热导率

5.3.5 EVOH改性气凝胶的力学性能

为了测试改性气凝胶的抗弯性能，分析不同 EVOH 浓度对气凝胶抗弯性能的影响，本章参考 ASTM D790 和 ASTM C684 标准，采用 Instron 5540 试验机，通过三点抗弯实验测试了改性气凝胶的抗弯强度。测试样品为长圆柱形，长度约 70 mm，直径约 8.5 mm，实验中采用跨度 50 mm，加载速度 0.04 inch/min。

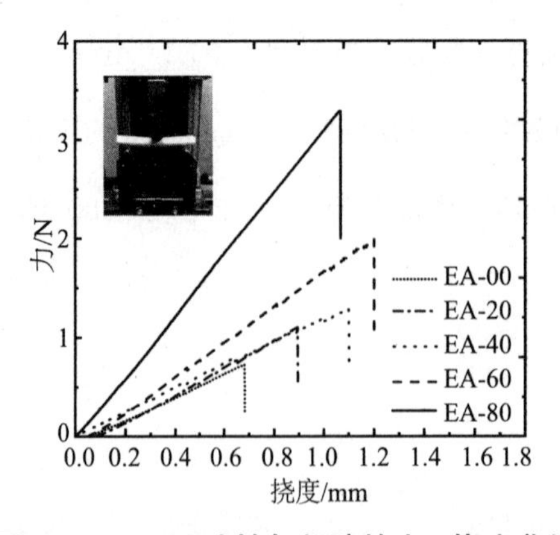

图 5-9　EVOH 改性气凝胶的力 - 挠度曲线

所得力 - 挠度曲线如图 5-9 所示。通过分析改性气凝胶的力 - 挠度曲线可知，随着 EVOH 浓度的增加，改性气凝胶在承受相同荷载时所产生的弯曲变形逐渐减小。这说明 EVOH 的引入使改性气凝胶抵抗弯曲变形的能力增强。

表 5-6 为不同浓度的 EVOH 改性气凝胶的抗弯强度和弯曲模量，弯曲模量通过以下公式计算得到：

$$E = \frac{SL^3}{12\pi r^4} \tag{5.1}$$

其中，S 为力 - 挠度曲线的斜率；L 为跨度；r 为样品直径。每一个浓度的改性气凝胶测试 4 个样品，取平均值。从表 5-6 中的结果可以看出，当 EVOH 溶液的浓度为 80 mg/mL 时，改性气凝胶的抗弯强度和弯曲模量最大，分别为 0.545 MPa 和 17.34 MPa，与未改性的空白气凝胶相比分别增加了 4.5 倍和 2.1 倍。

表 5-6　EVOH 改性气凝胶的抗弯性能

样品	体积密度 / (g/cm^3)	抗弯强度 / MPa	弯曲模量 / MPa	比表面积 / (m^2/g)
EA-00	0.139 ± 0.002	0.098 ± 0.020	5.61 ± 0.24	874
EA-20	0.171 ± 0.004	0.172 ± 0.033	6.68 ± 0.97	615
EA-40	0.187 ± 0.005	0.232 ± 0.036	7.09 ± 0.61	568
EA-60	0.195 ± 0.001	0.374 ± 0.037	9.31 ± 0.60	429
EA-80	0.202 ± 0.001	0.545 ± 0.027	17.34 ± 1.24	425

图 5-10 为 EVOH 改性气凝胶的抗弯强度 - 密度的双对数曲线和弯曲模量 - 密度的双对数曲线。通过分析曲线和相关数据，可以知道，在密度相同的条件下，改性气凝胶的抗弯强度和弯曲模量均大于未改性气凝胶。虽然改性和未改性气凝胶的力学性能均会随着密度的增加而增大，但是，采用 TIPS 法在凝胶中引入 EVOH 比增加相同质量的 SiO_2 骨架更能够提高气凝胶的力学性能。这是因为气凝胶中 SiO_2 质量增加会使凝胶网络结构中出现更多的粒子间连接部位，从而降低了气凝胶的力学性能。而通过 TIPS 法在凝胶中引入的 EVOH 沉积和包裹在 SiO_2 粒子的表面，增大了粒子间连接部位的面积，因此能够提高气凝胶的力学性能。

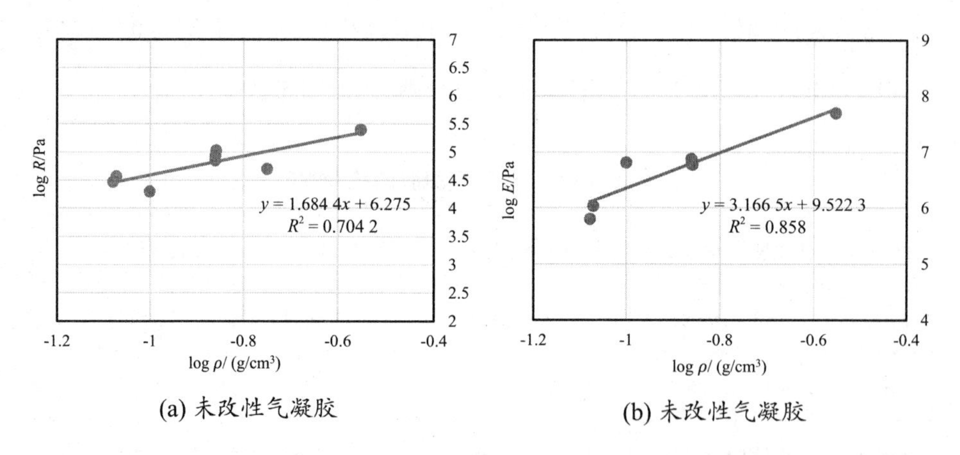

(a) 未改性气凝胶　　(b) 未改性气凝胶

图 5-10　EVOH 改性气凝胶的抗弯强度 - 密度和弯曲模量 - 密度的双对数曲线

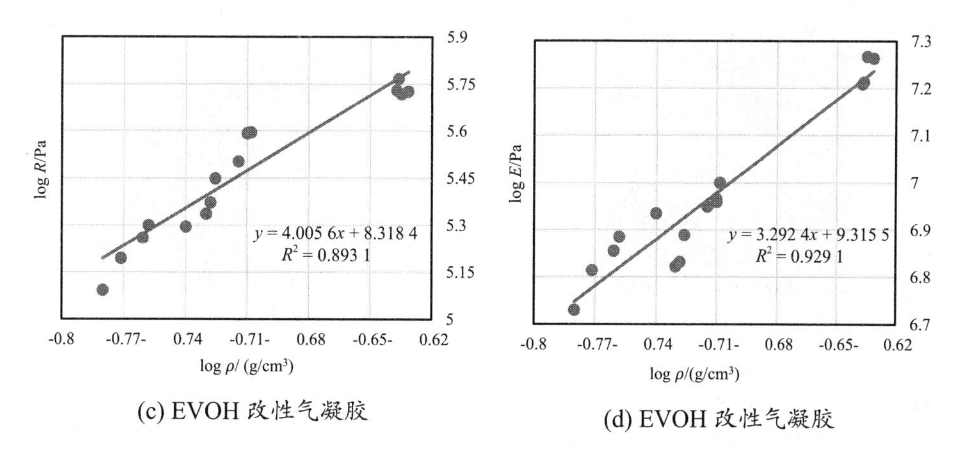

(c) EVOH 改性气凝胶

(d) EVOH 改性气凝胶

图 5-10　EVOH 改性气凝胶的抗弯强度 - 密度和弯曲模量 - 密度的双对数曲线（续）

图 5-11 为 EVOH 改性气凝胶样品的压缩前后对比图和应力 - 应变曲线。观察发现，应力 - 应变曲线上存在锯齿状或不光滑区域，这是因为样品在压缩过程中出现裂纹或者有小的碎片崩落，EVOH 改性气凝胶压缩前后的对比如图 5-11（a）所示。整个应力 - 应变曲线大致可以分为三个阶段，如图 5-11（c）所示，在较小应变区（< 2%），应力随应变的增加呈线性，气凝胶表现出线弹性。之后应力随应变的增加几乎不再变化或有微小的增加（2%~5%），这一段为屈服阶段。继续压缩，气凝胶的应力随应变快速增加（> 5%），最终样品的外层破碎崩落，只剩下核心少部分样品被压实，这一段为强化阶段。图 5-11（b）为典型样品的应力 - 应变曲线，可以看出，EVOH 改性气凝胶在最终破坏时的强度和应变均高于未改性气凝胶，当聚合物浓度最大时，改性气凝胶的强度和应变分别可达 18 MPa 和 70%，而未改性气凝胶破坏时的强度和应变仅为 0.74 MPa 和 35%。

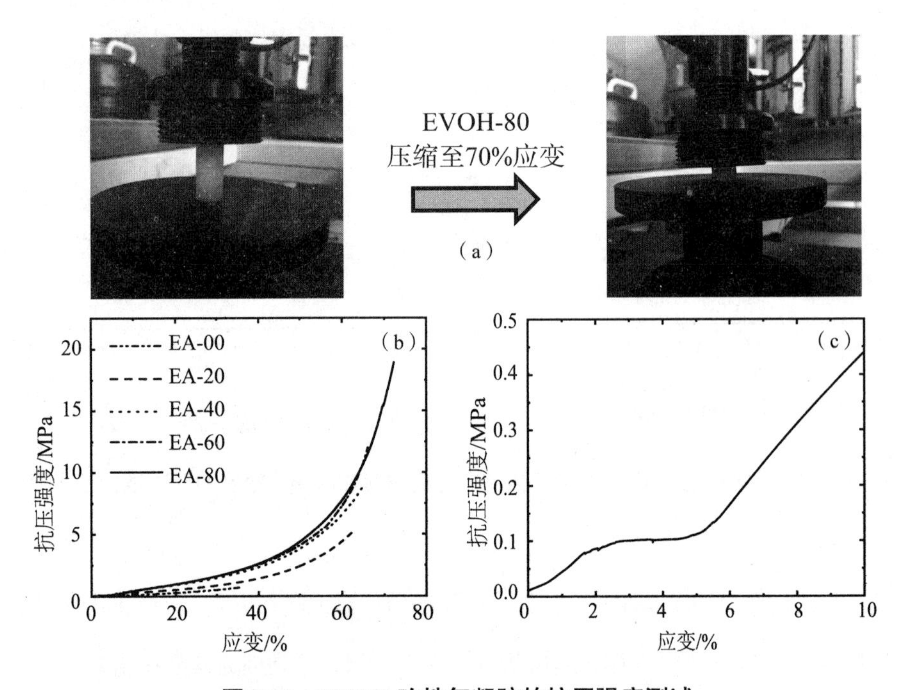

图 5-11 EVOH 改性气凝胶的抗压强度测试

(a) 压缩前后的 EVOH 改性气凝胶样；(b) EVOH 改性气凝胶应力 - 应变曲线；

(c) 低应变区域的应力 - 应变曲线

由于聚合物 EVOH 具有良好的柔韧性，通过热致相分离过程沉积在二次粒子上，使粒子直径增大，粒子间连接部位增大，在压缩过程中，当气凝胶的固体骨架发生较大变形时，二次粒子的连接部位才会发生破碎或断裂。所以当承受的荷载相同时，改性气凝胶所产生的应变比未改性气凝胶要小。由此说明，TIPS 法制备的 EVOH 改性气凝胶的抗压性能比未改性气凝胶有显著改善。具体抗压测试结果如表 5-7 所示，通过对比发现，EVOH 浓度最大的改性气凝胶（EA-80）的抗压强度和弹性模量比未改性气凝胶（EA-00）分别提高了 23.8 倍和 4.7 倍。

表 5-7 EVOH 改性气凝胶的抗压性能

样品	体积密度 / (g/cm^3)	抗压强度 / (MPa)	弹性模量 / (MPa)	比表面积 / (m^2/g)
EA-00	0.139 ± 0.002	0.74 ± 0.17	1.78 ± 0.31	874
EA-20	0.172 ± 0.006	5.73 ± 0.62	4.44 ± 0.26	615
EA-40	0.187 ± 0.005	8.71 ± 0.57	5.34 ± 0.75	568
EA-60	0.192 ± 0.002	14.89 ± 0.76	6.83 ± 0.47	429
EA-80	0.202 ± 0.001	18.37 ± 0.93	10.07 ± 0.34	425

考虑到气凝胶的密度对力学性能的影响，此处同样采用抗压强度 - 密度双对数曲线和弹性模量 - 密度的双对数曲线对气凝胶的抗压性能进行分析，如图 5-12 所示。通过对比发现，改性气凝胶的抗压强度 - 密度双对数曲线和弹性模量 - 密度的双对数曲线的斜率远大于未改性气凝胶，这说明在密度相同的条件下，EVOH 改性气凝胶的抗压强度和弹性模量均大于未改性气凝胶。

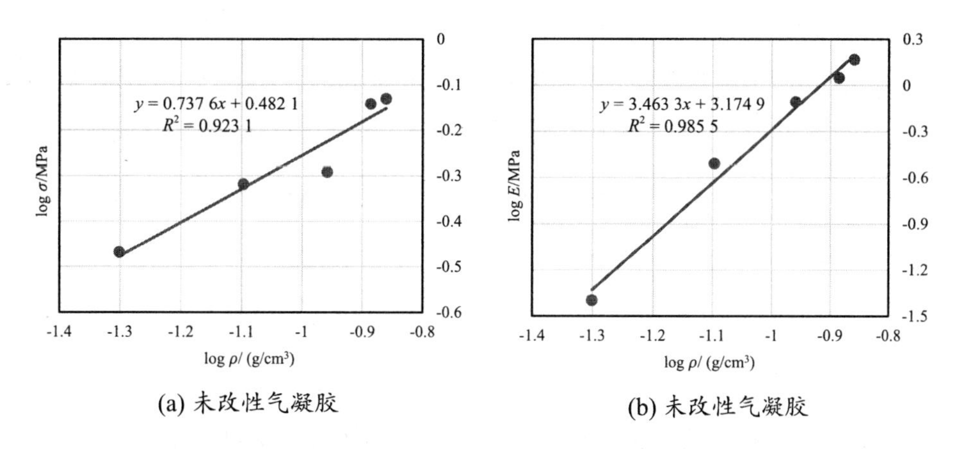

(a) 未改性气凝胶　　(b) 未改性气凝胶

图 5-12 EVOH 改性气凝胶的抗压强度 - 密度和弹性模量 - 密度的双对数曲线

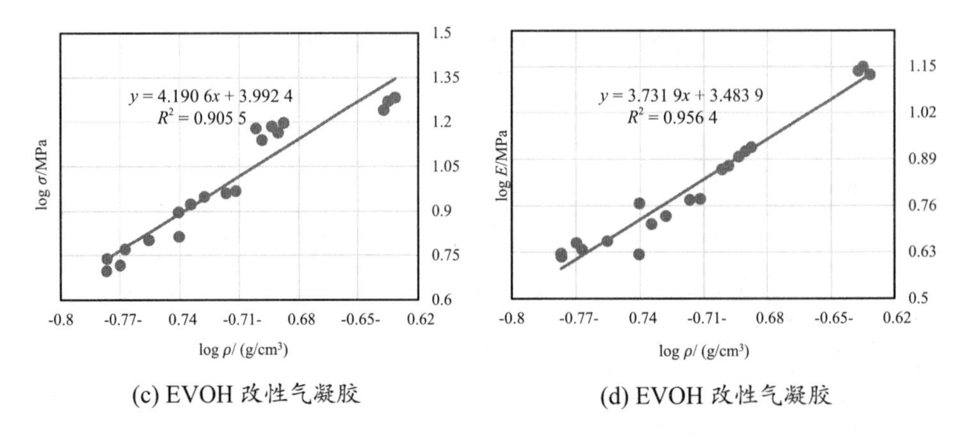

(c) EVOH 改性气凝胶　　(d) EVOH 改性气凝胶

图 5-12　EVOH 改性气凝胶的抗压强度 - 密度和弹性模量 - 密度的双对数曲线（续）

5.4　改性方法与材料性能对比

5.4.1　改性方法对比

表 5-8 中对本书所采用的三种制备聚合物改性 SiO_2 气凝胶的方法进行了对比。溶液浸泡聚合物改性法和纳米碳纤维联合聚合物改性法均采用水玻璃作为硅源，以 PMMA 作为增强气凝胶的聚合物，制备过程利用常压干燥工艺，制备周期为 8 d，所得改性气凝胶样品的形态为不规则块状，有裂纹。对比两种改性方法可以发现，纳米碳纤维联合聚合物改性法制备的气凝胶材料体积密度更小，比表面积更大，需要引发化学反应，需要溶剂交换与洗涤。

热致相分离法制备聚合物改性气凝胶需要采用超临界干燥技术，因此成本更高，制备周期长于溶液浸泡聚合物改性法和纳米碳纤维联合聚合物改性法，但是最终得到的改性气凝胶材料均为完整无裂纹块体，可以进一步切割打磨成所需尺寸进行力学性能测试和热导率测试。与溶液浸泡聚合物改性法和纳米碳纤维联合聚合物改性法相比，热致相分离法制备的改性气凝胶材料体积密度和比表面积更大，孔隙率更高。

三种改性方法中，溶液浸泡聚合物改性法和纳米碳纤维联合聚合物改性法均需要通过化学反应将聚合物引入气凝胶骨架表面，热致相分离法无须引发化学反应，不会生成有毒或污染环境的副产物，无须溶剂交换与洗涤，制备过程更加简单环保。

表 5-8 三种改性方法对比

改性方法	硅源	干燥方式	聚合物	体积密度 / (g/cm^3)	比表面积 / (m^2/g)	制备周期 / d	材料形态
溶液浸泡聚合物改性	水玻璃	常压干燥	PMMA	0.30~0.71	>210	8	有裂纹
纳米碳纤维联合聚合物改性	水玻璃	常压干燥	PMMA	0.12~0.31	>469	8	有裂纹
热致相分离法	正硅酸乙酯	CO_2 超临界干燥	PMMA EVOH	0.14~0.20	>486	10	完整块体

5.4.2 力学性能对比

表 5-9 为不同气凝胶的弹性模量 - 密度双对数曲线的斜率。可以看出，TIPS 法制备的聚合物改性气凝胶比聚氨酯复合 SiO_2 气凝胶、聚氨酯气凝胶和纤维素复合 SiO_2 气凝胶的双对数曲线斜率更大，说明增加相同质量的聚合物或增强相，通过 TIPS 法制备的改性气凝胶具有更好的力学性能。图 5-13 为 TIPS

法制备的聚合物改性气凝胶与其他聚合物增强气凝胶的弯曲模量对比和弹性模量对比。

表 5-9　不同气凝胶的弹性模量 - 密度双对数曲线的斜率对比 [153]

样品	对数压缩斜率模量与对数密度
二氧化硅气凝胶	3.46
聚氨酯 – 二氧化硅复合材料	3.70
聚氨酯气凝胶	3.62
果胶 – 二氧化硅复合材料	3.82
纤维素 – 二氧化硅复合材料	3.23
EVOH 改性气凝胶	3.73
PMMA-35k 改性气凝胶	4.49
PMMA-120k 改性气凝胶	6.52

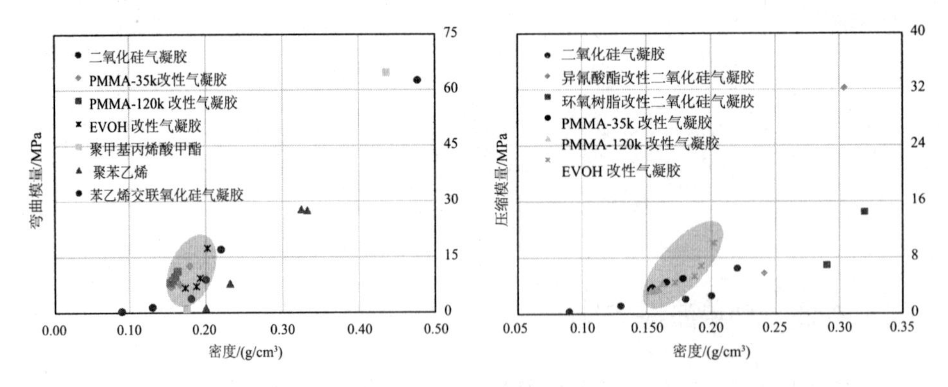

图 5-13　热致相分离法制备的聚合物改性气凝胶与其他聚合物增强气凝胶的力学性能对比 [138,141,143,145,239,251]

5.4.3　热学性能对比

表 5-10 为 TIPS 法制备的改性气凝胶与几种有机和无机保温材料的密度、热导率，以及适用温度范围的对比，从表 5-6 可知，采用 TIPS 法制备的聚合物改性气凝胶具有轻质（密度范围 0.14~0.2 g/cm^3）和高效保温（常温下的热导率介于 22~32 mW/(m・K)）的特点，但聚合物的引入使改性气凝胶的耐高温性能差，所以 TIPS 法制备的聚合物改性 SiO_2 气凝胶的适用温度低于无机保温材料。EVOH 改性气凝胶需在低于 350 ℃的条件下应用，PMMA 改性气凝胶需在低于 280 ℃的条件下应用。

表 5-10　热致相分离法制备的改性气凝胶与其他保温材料的性能对比 [252]

材料	体积密度 / (g/cm^3)	热导率 / (mW/(m・K))	应用温度范围 / ℃
聚氨酯泡沫	0.03~0.05	23~29	80~100
保温砂浆	0.24~0.40	≤ 65	≤ 650
水泥珍珠岩板	0.25~0.40	58~87	≤ 600
岩棉	0.05~0.20	30~47	<600
EVOH 改性气凝胶	0.17~0.20	27~32	<350
PMMA-35k 改性气凝胶	0.14~0.18	23~29	<280
PMMA-120k 改性气凝胶	0.14~0.16	22~28	<280

图 5-14 为热致相分离法制备的改性气凝胶与其他气凝胶在常温下的热导率，通过对比发现，TIPS 法制备的聚合物改性气凝胶比同等密度的未改性

SiO_2 气凝胶 [253,254] 热导率高。但与聚脲复合杂化 SiO_2 气凝胶 [138,255,256] 和聚氨酯气凝胶 [257,258] 相比，TIPS 法制备的聚合物改性气凝胶拥有更小的热导率。

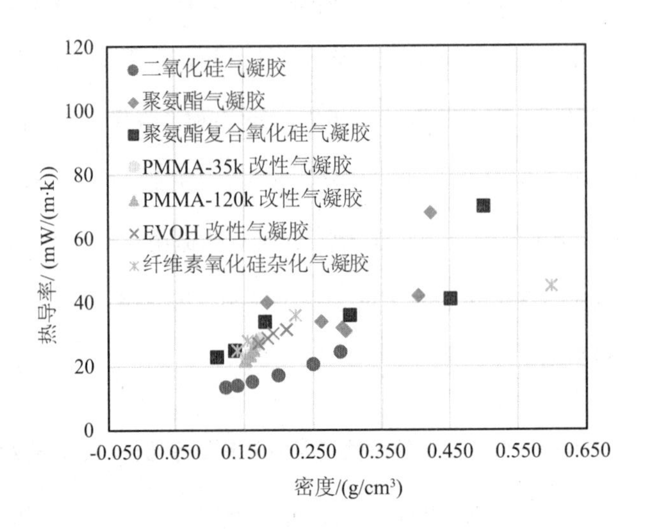

图 5-14 热致相分离法制备的聚合物改性气凝胶与其他气凝胶的热导率对比 [138,253-258]

5.5 本章小结

本章通过热致相分离（TIPS）法结合超临界干燥工艺成功制备了具有良好热稳定性和优异力学性能的乙烯 - 乙烯醇共聚物（EVOH）改性 SiO_2 气凝胶。通过对改性气凝胶的化学和物理性能进行表征分析，可以得到如下主要结论。

（1）通过热致相分法制备的 EVOH 改性气凝胶，其线性收缩率明显小于未改性的 SiO_2 气凝胶，当聚合物溶液浓度达到最大时，改性气凝胶的密度为 0.202 g/cm^3，孔隙率可以保持在 86.8%。

（2）扫描电镜下观察发现，热致相分离法制备的 EVOH 改性气凝胶呈现出无规则的三维网络状结构，SiO_2 骨架粒子为团簇状。随着 EVOH 浓度的增加，改性气凝胶中 SiO_2 粒子逐渐增大，骨架增粗，网络结构更加致密，孔减少，粒子之间的串珠状连接不再明显。N_2 物理吸附的分析结果显示，不同浓度的 EVOH 改性气凝胶均为介孔结构，EVOH 填充了部分微孔，造成改性气凝胶的比表面积降低。

（3）通过热致相分离法制备的 EVOH 改性气凝胶表现出了优异的力学性能，抗压强度和弹性模量最高可达 18.37 MPa 和 10.07 MPa，比未改性气凝胶分别提高了 23.8 倍和 4.7 倍。抗弯强度和弯曲模量最高可达 0.545 MPa 和 17.34 MPa，与未改性气凝胶相比也分别增加了 4.5 和 2.1 倍。

（4）虽然聚合物的引入会导致改性气凝胶的热稳定性有所降低，但是热重分析的结果显示，EVOH 改性气凝胶的热稳定性可以保持到 350 ℃，比热致相分离法制备的 PMMA 改性气凝胶的热稳定温度高 70 ℃。利用瞬态平面热源法测得 EVOH 改性气凝胶在常温下的热导率最大为 31.56 mW/(m · K)。热致相分离法制备的 EVOH 改性气凝胶的具有轻质（密度范围 0.14~0.2 g/cm^3）和高效保温（常温下的热导率介于 22~32 mW/(m · K)）的特点，可以在低于 350 ℃的条件下用作保温隔热材料。

6　结论与展望

6.1　结论

本书以聚合物改性气凝胶为重点，分别采用溶液浸泡聚合物改性法、纳米碳纤维联合聚合物改性法及热致相分离法制备了 PMMA 改性 SiO_2 气凝胶、CNFs 掺杂 SiO_2 气凝胶、CNFs/PMMA 改性 SiO_2 气凝胶和 EVOH 改性 SiO_2 气凝胶，并对其结构和性能进行了表征分析，在改善材料力学性能的同时，最大程度保持了气凝胶低密度和高孔隙率的特性，为克服 SiO_2 气凝胶在力学性能上的缺陷提供了新的思路和方法。本书的主要结论如下。

（1）采用溶液浸泡聚合物改性法，在常压干燥条件下制备了聚甲基丙烯酸甲酯（PMMA）改性 SiO_2 气凝胶。通过对比不同硅烷偶联剂（TMSPM）浓度的改性气凝胶的微观形貌、孔特征及热稳定性，确定了 TMSPM 的最佳浓度为 37.5 vol%。PMMA 改性 SiO_2 气凝胶的微观结构呈现疏松多孔，骨架粒子随聚合物浓度增加而增大，直径可达 32~36 nm。分析 N_2 吸附 - 脱附曲线和孔径分布曲线可知，随着聚合物含量的增加，改性气凝胶中大孔和连通孔增多，孔径分布范围增大，最可几孔径从未改性时的 7 nm 增加到 20 nm。PMMA 通过聚合反应在 SiO_2 气凝胶骨架粒子表面形成包覆膜，增大了粒子之间连接部位的面积，进而提高了 SiO_2 固体骨架的强度。PMMA 改性 SiO_2 气凝胶的弹性模量较空白气凝胶可提高约 15.1 倍，硬度可提高近 13.7 倍，热稳定性能够保持到 280 ℃。

（2）通过吸光度、Zeta 电位和表面张力测试，得出了十二烷基硫酸钠（SDS）、聚丙烯酸（PAA）复合曲拉通（Tx100）、工业分散剂（D-180）以及十二烷基苯磺酸钠（SDBS）对浓度为 0.05 g/L 的 CNFs 的最佳分散浓度并探讨了分散机理。为了进一步分析表面活性剂对 SiO_2 气凝胶孔结构的影响，分别制备了添加不同浓度 SDS 和 SDBS 的 SiO_2 气凝胶，根据分型理论利用 Frenkel-Halsey-Hill 方程计算得到了气凝胶的表面分形维数，所有样品的线性拟合相关系数均达到 0.99 以上，且表面分形维数 Ds 均在 2.5~2.6，表明添加表面活性剂的 SiO_2 气凝胶具有表面分形特征。随着表面活性剂浓度的增加，气凝胶的表面分形维数逐渐减小，说明表面活性剂的加入使气凝胶表面粗糙度降低。当 SDS 和 SDBS 的浓度为各自临界胶团浓度的 10 倍时，添加 SDS 的气凝胶表面粗糙度比添加 SDBS 的气凝胶表面粗糙度更低，孔结构的均匀性更好。

（3）常压干燥条件下制备的 CNFs 掺杂 SiO_2 气凝胶和 CNFs/PMMA 改性 SiO_2 气凝胶均为三维网络状结构，经表面活性剂 SDS 分散，CNFs 在凝胶中的团聚现象得到改善，气凝胶的网络骨架紧密缠绕包裹在 CNFs 的表面，PMMA 的引入使气凝胶骨架结构增粗，力学性能得到改善。通过对凝胶的观察可知，三种气凝胶的强度顺序依次为：CNFs/PMMA 改性 SiO_2 气凝胶 >CNFs 掺杂 SiO_2 气凝胶 > 纯 SiO_2 气凝胶。CNFs 的掺入不仅可以提高凝胶强度，还可以起到一定的遮光作用。与纯 SiO_2 气凝胶相比，CNFs 掺杂气凝胶在波长 3~8 m 范围内的红外透过率随着 CNFs 掺量的增加呈明显降低趋势。同时，CNFs/PMMA 改性 SiO_2 气凝胶的红外透过率与纯 SiO_2 气凝胶相比，也有所降低。

（4）提出了采用热致相分离法制备 PMMA 改性 SiO_2 气凝胶的方法。通过研究 PMMA 在乙醇与水的混合溶液（$V_{ETOH}:V_{H_2O}$=4 : 1）中的溶解行为及相分离机理，得到了浓度范围在 0.65 wt% 到 28 wt% 之间的 PMMA（M_w=35 000）溶液的浊点温度曲线，并以此为基础，综合考虑超临界干燥条件和聚合物溶液黏度，选取了适宜的 PMMA 溶液浓度（0.65 wt%、1.1 wt%、1.8 wt%、2.3 wt%、4.6 wt%、8.8 wt%、10.7 wt%），通过热致相分离法和超临界干燥技术制备了 PMMA 改性 SiO_2 气凝胶。采用此方法制备的改性气凝胶线性收缩率低至 6.0%，明显小于未改性气凝胶，体积密度小于 0.180 g/cm^3，孔隙率均高于 90%，热稳定性可以保持到 280 ℃，室温下热导率小于 28.61 mW/(m · K)，抗压强度和弹性模量最高可达 11.15 MPa 和 5.05 MPa，比未改性气凝胶分别提高了 14 倍和 1.8 倍。抗弯强度和弯曲模量最高可达 0.21 MPa 和 12.60 MPa，与未改性气凝胶相比均增加了 1.2 倍。

（5）通过热致相分离法结合超临界干燥工艺成功制备了具有良好热稳定性和优异力学性能的 EVOH 改性 SiO_2 气凝胶。其线性收缩率为 6.9%，明显小于未改性气凝胶，体积密度小于 0.202 g/cm^3，孔隙率保持在 86.8% 以上，抗压强度和弹性模量最高可达 18.37 MPa 和 10.07 MPa，比未改性气凝胶分别提高了 23.8 倍和 4.7 倍。抗弯强度和弯曲模量最高可达 0.54 MPa 和 17.34 MPa，与未改性气凝胶相比也分别增加了 4.5 倍和 2.1 倍。热分析结果显示，EVOH 改性气凝胶的热稳定性可以保持到 350 ℃，比热致相分离法制备的 PMMA 改性气凝胶的热稳定温度高 70 ℃。利用瞬态平面热源法测得 EVOH 改性气凝胶在室温下的热导率最大为 31.56 mW/(m·K)。

（6）采用热致相分离法制备聚合物改性气凝胶与化学交联反应制备聚合物改性气凝胶相比具有一定的优势，可以在增强力学性能的同时，最大程度地保留气凝胶的高孔隙率和低体积密度的特性。并且制备过程中无需大量溶剂交换，无须引发化学反应，更不存在有毒或污染环境的副产物，仅利用降温来诱发聚合物溶液相分离，使聚合物沉积于骨架粒子表面及粒子间连接部位，实现对气凝胶骨架的加固和增强。热致相分离法制备的聚合物改性 SiO_2 气凝胶具有轻质（体积密度 0.14~0.2 g/cm^3）和高效保温（室温下的热导率介于 18~32 mW/(m·K)）的特点，在保温隔热领域具有广阔的应用前景。

6.2 展望

本书以聚合物增强改性气凝胶为研究重点，分别采用溶液浸泡聚合物改性法、纳米碳纤维联合聚合物改性法及热致相分离法制备了改性 SiO_2 气凝胶，并对其结构和性能进行了表征、分析与讨论，取得了一定的研究成果，但在以下几个方面还需要进行更加深入的研究与探讨。

（1）由于常压干燥下制备的 PMMA 改性 SiO_2 气凝胶和 CNFs/PMMA 改性 SiO_2 气凝胶很难得到规则无裂纹的块体，所以对这类气凝胶的力学性能和热导率的测试存在一定困难。因此，在未来的研究工作中，有必要建立聚合物改性气凝胶和纳米碳纤维联合聚合物改性气凝胶的力学性能计算模型及热导率计算模型，深入研究聚合物含量和纳米碳纤维掺量对气凝胶力学及热学性能的影响。

（2）深入研究热致相分离法制备聚合物增强改性气凝胶的工艺过程，探讨降温速率对气凝胶结构与性能的影响。由于书中通过热致相分离法制备聚合物增强改性气凝胶时都采用了超临界干燥技术，为了进一步简化制备过程和降低改性气凝胶的制备成本，可系统研究新的聚合物 / 稀释剂体系，以实现热致相分离法制备聚合物改性气凝胶与常压干燥方法相结合的制备工艺。

（3）采用热致相分离法制备的聚合物增强改性气凝胶表现出了优异的性能，且制备过程环保经济，一方面，可以进一步寻找适合此方法的聚合物 / 稀释剂体系，制备出更多种类的聚合物改性气凝胶；另一方面，可以进一步研究由热致相分离法制备的聚合物改性气凝胶的相关应用，如在药物载体、食品包装和气体吸附等方面的应用。

（4）受实验条件所限，本书对聚合物改性气凝胶的性能研究还不够全面和深入，因此在未来的研究工作中，将进一步深入研究聚合物改性气凝胶的性能，包括电学性能、疏水特性和声学性能等，并拓展聚合物改性气凝胶的相关应用。

参考文献

[1] Dorcheh A S, Abbasi M H. Silica aerogel: synthesis, properties and characterization [J]. Journal of Materials Processing Technology, 2008, 199(1): 10-26.

[2] Rao A V. Silica aerogels: a novel state of condensed matter[J]. Solid State Physics, 1999, 41: 14-17.

[3] Burger T, Fricke J. Aerogels: production, modification and applications[J]. Berichte Der Bunsengesellschaft Für Physikalische Chemie, 1998, 102(11): 1523-1528.

[4] Rao A V, Pajonk G M, Haranath D. Synthesis of hydrophobic aerogels for transparent window insulation applications[J]. Materials Science and Technology, 2001, 17(3): 343-348.

[5] Kim G S, Hyun S H, Park H H. Synthesis of low-dielectric silica aerogel films by ambient drying[J]. Journal of the American Ceramic Society, 2001, 84(2): 453-55.

[6] Hrubesh L W, Keene L E, Latorre V R. Dielectric properties of aerogels[J]. Journal of Materials Research, 1993, 8(7): 1736-1741.

[7] Dong H, Orozco T R A, Roepsch J A, et al. Functionalized silica aerogels/xerogels for low dielectric constant applications[J]. Electrochemical Society Proceedings, 2001, 2001(24): 193-203.

[8] Jain A, Rogojevic S, Ponoth S, et al. Porous silica materials as low-k dielectrics for electronic and optical interconnects[J]. Thin Solid Films, 2001, 398(2): 513-522.

[9] Jain A, Rogojevic S, Nitta S V, et al. Processing and characterization of silica xerogel films for low-k dielectric applications[J]. MRS Proceedings, 1999, 565:29.

[10] Fricke J, Caps R, Büttner D, et al. Silica aerogel a light transmitting thermal superinsulator[J]. Journal of Non-Crystalline Solids, 1987, 95(5): 1167-1174.

[11] Forest L, Gibiat V, Woignier T. Biot’ s theory of acoustic propagation in porous media applied to aerogels and alcogels[J]. Journal of Non-Crystalline Solids, 1998, 225(4): 287-292.

[12] Conroy J F, Hosticka B, Davis S C, et al. Microscale thermal relaxation during acoustic propagation in aerogel and other porous media[J]. Microscale Thermophysical Engineering, 1999, 3(3): 199-215.

[13] Schmidt M, Schwertfeger F. Applications for silica aerogel products[J]. Journal of Non-Crystalline Solids, 1998, 225(1): 364-368.

[14] Pajonk G M. Some applications of silica aerogels[J]. Colloid and Polymer Science, 2003, 281(7): 637-651.

[15] Wei T Y, Lu S Y, Chang Y C. A new class of opacified monolithic aerogels of

ultralow high-temperature thermal conductivities[J]. The Journal of Physical Chemistry C, 2009, 113(17): 7424-7428.

[16] Reim M, Körner W, Manara J, et al. Silica aerogel granulate material for thermal insulation and daylighting[J]. Solar Energy, 2005, 79(2): 131-139.

[17] Ackerman W C, Vlachos M, Rouanet S, et al. Use of surface treated aerogels derived from various silica precursors in translucent insulation panels[J]. Journal of Non-Crystalline Solids, 2001, 285(1): 264-271.

[18] Yoldas B E, Annen M J, Bostaph J. Chemical engineering of aerogel morphology formed under nonsupercritical conditions for thermal insulation[J]. Chemistry of Materials, 2000, 12(8): 2475-2484.

[19] Fricke J, Emmerling A. Aerogels-preparation, properties, applications[M]. Berlin Heidelberg: Springer, 1992: 37-87.

[20] Qiu B, Xing M, Zhang J. Mesoporous TiO_2 nanocrystals grown in situ on graphene aerogels for high photocatalysis and lithium-ion batteries[J]. Journal of the American Chemical Society, 2014, 136(16): 5852-5855.

[21] Jones S M. Aerogel: space exploration applications[J]. Journal of Sol-Gel Science and Technology, 2006, 40(2): 351-357.

[22] Randall J P, Meador M A B, Jana S C. Tailoring mechanical properties of aerogels for aerospace applications[J]. ACS Applied Materials & Interfaces, 2011, 3(3): 613-626.

[23] Yoda S, Ohtake K, Takebayashi Y, et al. Preparation of titania-impregnated silicaaerogels and their application to removal of benzene in air[J]. Journal of

Materials Chemistry, 2000, 10(9): 2151-2156.

[24] Glauser S A, Lee H W. Luminescent studies of fluorescent chromophore-doped silica aerogels for flat panel display applications[J]. MRS Proceedings, 1997, 471.

[25] Durscher R, Roy S. Aerogel and ferroelectric dielectric materials for plasma actuators[J]. Journal of Physics D Applied Physics, 2011, 45(1): 012001.

[26] Kucheyev S O, Hamza A V, Satcher Jr J H, et al. Depth-sensing indentation of low-density brittle nanoporous solids[J]. Acta Materialia, 2009, 57(12): 3472-3480.

[27] Martínez S, Moreno-Mañas M, Vallribera A, et al. Highly dispersed nickel and palladium nanoparticle silica aerogels: sol-gel processing of tethered metal complexes and application as catalysts in the Mizoroki-Heck reaction[J]. New Journal of Chemistry, 2006, 30(7): 1093-1097.

[28] Barker S J, Kot J S, Nikolic N. A study of the application of silica aerogels in broadband millimetre-wave planar antennas[C]. IEEE Antennas and Propagation Society International Symposium, 1998.

[29] Gurav J L, Jung I K, Park H H, et al. Silica aerogel: Synthesis and applications[J]. Journal of Nanomaterials, 2010, 2010(24): 23.

[30] Stergar J, Maver U. Review of aerogel-based materials in biomedical application[J]. Journal of Sol-Gel Science and Technology, 2016, 77(3): 738-752.

[31] Wang M, Liu X, Ji S, Risen W M. A new hybrid aerogel approach to modification of bioderived polymers for materials applications[J]. MRS Online Proceedings Library Archive, 2001, 702.

[32] Salinas A J, Vallet-Regí M, Toledo-Fernández J A, et al. Nanostructure and bioactivity of hybrid aerogels[J]. Chemistry of Materials, 2008, 21(1): 41-47.

[33] Yue Q, Li Y, Kong M, et al. Ultralow density, hollow silica foams produced through interfacial reaction and their exceptional properties for environmental and energy applications[J]. Journal of Materials Chemistry, 2011, 21(32): 12041-12046.

[34] Baetens R, Jelle B P, Gustavsen A. Aerogel insulation for building applications: a state-of-the-art review[J]. Energy and Buildings, 2011, 43(4): 761-769.

[35] Baetens R, Jelle B P, Thue J V, et al. Vacuum insulation panels for building applications: A review and beyond[J]. Energy and Buildings, 2010, 42(2): 147-172.

[36] Aegerter M A, Leventis N, Koebel M M. Aerogels handbook[M]. New York: Springer, 2011.

[37] Kistler S S. Coherent expanded aerogels and jellies[J]. Nature, 1931, 127(3211): 741.

[38] Teichner S J, Nicolaon G A, Vicarini M A, et al. Inorganic oxide aerogels[J]. Advances in Colloid and Interface Science, 1976, 5(3): 245-273.

[39] Cantin M, Casse M, Koch L, et al. Silica aerogels used as Cherenkov radiators[J]. Nuclear Instruments and Methods, 1974, 118(1): 177-182.

[40] Fricke J. SiO_2-aerogels: Modifications and applications[J]. Journal of Non-Crystalline Solids, 1990, 121(1-3): 188-192.

[41] Tewari P H, Hunt A J, Lofftus K D. Ambient-temperature supercritical drying

of transparent silica aerogels[J]. Materials Letters, 1985, 3(9-10): 363-367.

[42] Tillotson T M, Hrubesh L W. Transparent ultralow-density silica aerogels prepared by a two-step sol-gel process[J]. Journal of Non-Crystalline Solids, 1992, 145: 44-50.

[43] Prakash S S, Brinker C J, Hurd A J. Silica aerogel films at ambient pressure[J]. Journal of Non-Crystalline Solids, 1995, 190(3): 264-275.

[44] Smith D M, Stein D, Anderson J M, et al. Preparation of low-density xerogels at ambient pressure[J]. Journal of Non-Crystalline Solids, 1995, 186: 104-112.

[45] Einarsrud M A, Haereid S, Wittwer V. Some thermal and optical properties of a new transparent silica xerogel material with low density[J]. Solar Energy Materials and Solar Cells, 1993, 31(3): 341-347.

[46] Hrubesh L W, Pekala R W. Dielectric properties and electronic applications of aerogels[M]. Boston: Springer, 1994: 363-367.

[47] Contolini R J, Hrubesh L W, Bernhardt A F. Aerogels for microelectronic applications: fast, inexpensive, and light as air[C]. National Center for Advanced Information Components Manufacturing (NCAICM) Workshop, 1993.

[48] Sinko K, Cser L, Mezei R, et al. Structure investigation of intelligent aerogels[J]. Physica B Condensed Matter, 2000, 276(8): 392-393.

[49] Poelz G, Riethmüller R. Preparation of silica aerogel for Cherenkov counters[J]. Nuclear Instruments and Methods in Physics Research, 1982, 195(3): 491-503.

[50] Sallaz-Damaz Y, Derome L, Mangin-Brinet M, et al. Characterization study of silica aerogel for Cherenkov imaging[J]. Nuclear Instruments & Methods in

Physics Research, 2010, 614(2): 184-195.

[51] Allkofer Y, Amsler C, Horikawa S, et al. A novel aerogel Cherenkov detector for DIRAC-II[J]. Nuclear Instruments & Methods in Physics Research Section, 2007, 582(2): 497-508.

[52] Kharzheev Y N. Use of silica aerogels in Cherenkov counters[J]. Physics of Particles and Nuclei, 2008, 39(1): 107-135.

[53] Cuce E, Cuce P M, Wood C J, et al. Toward aerogel based thermal superinsulation in buildings: a comprehensive review[J]. Renewable and Sustainable Energy Reviews, 2014, 34(3): 273-299.

[54] Jensen K I, Schultz J M, Kristiansen F H. Development of windows based on highly insulating aerogel glazings[J]. Journal of Non-Crystalline Solids, 2004, 350(8): 351-357.

[55] Koebel M, Rigacci A, Achard P. Aerogel-based thermal superinsulation: an overview[J]. Journal of Sol-Gel Science and Technology, 2012, 63(3): 315-339.

[56] Xie Y, Beamish J. Ultrasonic velocity and attenuation in silica aerogels at low temperatures[J]. Czechoslovak Journal of Physics, 1996, 46(5): 2723-2724.

[57] Gross J, Fricke J. Ultrasonic velocity measurements in silica, carbon and organic aerogels[J]. Journal of Non-Crystalline Solids, 1992, 145: 217-222.

[58] Krainov V P, Smirnov M B. Laser induced fusion in aerogel[J]. Laser Physics, 2002, 12(4): 781-785.

[59] Krainov V P, Smirnov M B. Nuclear fusion induced by a super-intense ultrashort laser pulse in a deuterated glass aerogel[J]. Journal of Experimental

and Theoretical Physics, 2001, 93(3): 485-490.

[60] Power M, Hosticka B, Black E, et al. Aerogels as biosensors: viral particle detection by bacteria immobilized on large pore aerogel[J]. Journal of Non-Crystalline Solids, 2001, 285(1): 303-308.

[61] Ulker Z, Erkey C. An emerging platform for drug delivery: aerogel based systems[J]. Journal of Controlled Release, 2014, 177(2): 51-63.

[62] Kistler S S. Coherent expanded-aerogels[J]. The Journal of Physical Chemistry, 1932, 36(1): 52-64.

[63] Lee S C, Cunnington G R. Conduction and radiation heat transfer in high-porosity fiber thermal insulation[J]. Journal of Thermophysics and Heat Transfer, 2000, 14(2): 121-136.

[64] Zhao J J, Duan Y Y, et al. A 3-D numerical heat transfer model for silica aerogels based on the porous secondary nanoparticle aggregate structure[J]. Journal of Non-Crystalline Solids, 2012, 358(10): 1287-1297.

[65] 段远源，林杰，王晓东，等．二氧化硅气凝胶的气相热导率模型分析 [J]. 化工学报，2012, 63(1): 54-58.

[66] 赵俊杰，段远源，王晓东，等．纳米复合隔热材料辐射与导热耦合传热 [J]. 工程热物理学报，2012, 33(12): 2185-2189.

[67] 李雄威，段远源，王晓东．SiO_2 气凝胶高温结构变化及其对隔热性能的影响 [J]. 热科学与技术，2011, 10(3): 189-193.

[68] 孙夺，王晓东，段远源，等．气凝胶 - 遮光剂复合材料中遮光剂的辐射特性 [J]. 应用基础与工程科学学报，2012, 20(3): 181-189.

[69] Kim G S, Hyun S H. Synthesis of window glazing coated with silica aerogel films via ambient drying [J]. Journal of Non-Crystalline Solids, 2003, 320(1-3): 125-132.

[70] Bheekhun N, Talib A R A, Hassan M R. Aerogels in aerospace: an overview[J]. Advances in Materials Science and Engineering, 2013, 2013(48): 1-18.

[71] Smirnova I, Suttiruengwong S, Arlt W. Feasibility study of hydrophilic and hydrophobic silica aerogels as drug delivery systems[J]. Journal of Non-Crystalline Solids, 2004, 350(8): 54-60.

[72] Smirnova I, Suttiruengwong S, Seiler M, et al. Dissolution rate enhancement by edsorption of poorly soluble drugs on hydrophilic silica aerogels[J]. Pharmaceutical Development and Technology, 2005, 9(4): 443-452.

[73] Schwertfeger F, Zimmermann A, Krempel H. Use of inorganic aerogels in pharmacy. U.S. 6280744[P]. 2001.

[74] Godec A, Maver U, Bele M, et al. Vitrification from solution in restricted space: Formation and stabilization of amorphous nifedipine in a nanoporous silica xerogel carrier[J]. International Journal of Pharmaceutics, 2007, 343(1-2): 131-140.

[75] Guenther U, Smirnova I, Neubert R. Hydrophilic silica aerogels as dermal drug delivery systems-dithranol as a model drug[J]. European Journal of Pharmaceutics and Biopharmaceutics, 2008, 69(3): 935-942.

[76] Rao A V, Hegde N D, Hirashima H. Absorption and desorption of organic liquids in elastic superhydrophobic silica aerogels[J]. Journal of Colloid and

Interface Science, 2007, 305(1): 124-132.

[77] Rao A V, Bhagat S D, Hirashima H, et al. Synthesis of flexible silica aerogels using methyltrimethoxysilane (MTMS) precursor[J]. Journal of Colloid and Interface Science, 2006, 300(1): 279-285.

[78] Pajonk G M. ChemInform abstract: Aerogel catalysts[J]. ChemInform, 2010, 22(33).

[79] Motahari S, Javadi H, Motahari A. Silica-aerogel cotton composites as sound absorber[J]. Journal of Materials in Civil Engineering, 2015, 27(9): 04014237.

[80] 王刚，颜峰，滕兆刚，等．二氧化硅表面的 APTS 修饰 [J]. 化学进展，2006, 18(2): 238-245.

[81] Hamann T W, Martinson A B F, Elam J W, et al. Aerogel templated ZnO dye-sensitized solar cells[J]. Advanced Materials, 2008, 20(8): 1560-1564.

[82] Wang P, Beck A, Korner W, et al. Density and refractive index of silica aerogels after low- and high-temperature supercritical drying and thermal treatment[J]. Journal of Physics D: Applied Physics, 1994, 27(2): 414-418.

[83] Pierre A C. Aerogels Handbook: History of aerogels[M]. New York: Springer, 2011: 3-18.

[84] Nakanishi K, Minakuchi H, Soga N, et al. Structure design of double-pore silica and its application to HPLC[J]. Journal of Sol-Gel Science and Technology, 1998, 13(1): 163-169.

[85] Wagh P B, Begag R, Pajonk G M, et al. Comparison of some physical properties of silica aerogel monoliths synthesized by different precursors[J].

Materials Chemistry and Physics, 1999, 57(3): 214-218.

[86] Wu G, Wang J, Shen J, et al. Strengthening mechanism of porous silica films derived by two-step catalysis[J]. Journal of Physics D Applied Physics, 2001, 34(9): 1301-1307.

[87] Deng Z, Wang J, Wei J, et al. Physical properties of silica aerogels prepared with polyethoxydisiloxanes[J]. Journal of Sol-Gel Science and Technology, 2000, 19(1): 677-680.

[88] Shi F, Wang L, Liu J. Synthesis and characterization of silica aerogels by a novel fast ambient pressure drying process[J]. Materials Letters, 2006, 60(29): 3718-3722.

[89] El Rassy H, Buisson P, Bouali B, et al. Surface characterization of silica aerogels with different proportions of hydrophobic groups, dried by the CO2 supercritical method[J]. Langmuir, 2003, 19(2): 358-363.

[90] 沈军，汪国庆，王珏，等 . SiO_2 气凝胶的常压制备及其热传输特性 [J]. 同济大学学报：自然科学版，2004，32(8): 1106-1110.

[91] 沈军，王际超，倪星元，等 . 以水玻璃为源常压制备高保温二氧化硅气凝胶 [J]. 功能材料，2009，40(1): 149-151.

[92] 史非，王立久，刘敬肖 . 纳米介孔 SiO_2 气凝胶的常压干燥制备及表征 [J]. 硅酸盐学报，2005，33(8): 963-967.

[93] 孙丰云，林金辉，任科法，等 . 以稻壳常压制备 TiO2/SiO_2 复合气凝胶的结构及传热性能研究 [J]. 硅酸盐通报，2016(03): 870-874.

[94] 王宝民，宋凯，韩瑜，等 . 硅藻土制备介孔 SiO_2 气凝胶 [J]. 土木建筑与环

境工程，2013(2): 141-146.

[95] 王宝民，马海楠，韩瑜，等 . 粉煤灰制备 SiO_2 气凝胶及其复合材料的研究进展 [J]. 材料导报，2012，26(9): 42-45.

[96] 王蕾 . 利用高铝粉煤灰制备氧化硅气凝胶的实验研究 [D]. 北京：中国地质大学，2006.

[97] Rao A V, Bhagat S D. Synthesis and physical properties of TEOS-based silica aerogels prepared by two step (acid-base) sol-gel process[J]. Solid State Sciences, 2004, 6(9): 945-952.

[98] 卢斌，孙俊艳，魏琪青，等 . 酸种类对以硅溶胶为原料、常压制备的 SiO_2 气凝胶性能的影响 [J]. 硅酸盐学报，2013，41(2):153-158.

[99] Lee C J, Kim G S, Hyun S H. Synthesis of silica aerogels from waterglass via new modified ambient drying[J]. Journal of Materials Science, 2002, 37(11): 2237-2241.

[100] Brinker C J, Scherer G W. Sol-gel science: the physics and chemistry of sol-gel processing[M]. Academic press, 1990.

[101] 林健 . 催化剂对正硅酸乙酯水解 - 聚合机理的影响 [J]. 无机材料学报，1997(3): 363-369.

[102] Mauritz K A, Storey R F, Jones C K. Multiphase polymer material, blends, ionomers, and interpenetrating networks[C]. Proceedings of the ACS Symposium Series.1989.

[103] Wright J D, Sommerdijk N A. Sol-gel materials: chemistry and applications[M]. CRC Press, 2000: 4.

[104] Iler R K. The chemistry of silica: solubility, polymerization, colloid and surface properties, and biochemistry[M]. Wiley, 19(19): 2951-2956.

[105] Woignier T, Phalippou J. Mechanical strength of silica aerogels[J]. Journal of Non-Crystalline Solids, 1988, 100(1): 404-408.

[106] Aegerter M A, Leventis N, Koebel M M. Aerogels handbook: advances in sol-gel derived materials and technologies[M]. Springer, 2011.

[107] He F, Zhao H, Qu X, et al. Modified aging process for silica aerogel[J]. Journal of Materials Processing Technology, 2009, 209(3): 1621-1626.

[108] Harris T M, Knobbe E T. Coarsening in sol-gel silica thin films[J]. Journal of Materials Science Letters, 1996, 15(2): 132-133.

[109] Hæreid S, Nilsen E, Einarsrud M A. Subcritical drying of silica gels[J]. Journal of Porous Materials, 1996, 2(4): 315-324.

[110] Hæreid S, Nilsen E, Einarsrud M A. Properties of silica gels aged in TEOS[J]. Journal of Non-Crystalline Solids, 1996, 204(3): 228-234.

[111] Hæreid S, Dahle M, Lima S, et al. Preparation and properties of monolithic silica xerogels from TEOS-based alcogels aged in silane solutions[J]. Journal of Non-Crystalline Solids, 1995, 186(2): 96-103.

[112] Hæreid S, Anderson J, Einarsrud M A, et al. Thermal and temporal aging of TMOS-based aerogel precursors in water [J]. Journal of Non-Crystalline Solids, 1995, 185(3): 221-226.

[113] Davis P J, Brinker C J, Smith D M, et al. Pore structure evolution in silica gel during aging/drying II: Effect of pore fluids[J]. Journal of Non-Crystalline

Solids, 1992, 142(3): 197-207.

[114] Wiener M, Reichenauer G, Scherb T, et al. Accelerating the synthesis of carbon aerogel precursors[J]. Journal of Non-Crystalline Solids, 2004, 350(8): 126-130.

[115] Iswar S, Malfait W J, Balog S, et al. Effect of aging on silica aerogel properties[J]. Microporous and Mesoporous Materials, 2017, 241(3): 293-302.

[116] 孟继智，李娟娟，石友昌，等 . SiO_2 气凝胶干燥技术的研究进展 [J]. 化工科技，2016，(02): 73-77.

[117] Brinker C J, Sehgal R, Hietala S L, et al. Sol-gel strategies for controlled porosity inorganic materials[J]. Journal of Membrane Science, 1994, 94(1): 85-102.

[118] Mizuno T, Nagata H, Manabe S. Attempts to avoid cracks during drying[J]. Journal of Non-Crystalline Solids, 1988, 100(1-3): 236-240.

[119] Davis P J, Brinker C J, Smith D M. Pore structure evolution in silica gel during aging/drying I: Temporal and thermal aging[J]. Journal of Non-Crystalline Solids, 1992, 142(3): 189-196.

[120] Chen H, Ruckenstein E. A new type of hydrous titanium oxide adsorbent[J]. Journal of Colloid and Interface Science, 1991, 145(2): 581-590.

[121] Chan J B, Jonas J. Effect of various amide additives on the tetramethoxysilane sol-gel process[J]. Journal of Non-Crystalline Solids, 1990, 126(1-2): 79-86.

[122] Roger C, Hampden-Smith M J. Formation of porous metal oxides via sol-gel type hydrolysis of metal alkoxide complexes modified with organic

templates[J]. Journal of Materials Chemistry, 1992, 2(10): 1111-1112.

[123] Zarzycki J, Prassas M, Phalippou J. Synthesis of glasses from gels: the problem of monolithic gels[J]. Journal of Materials Science, 1982, 17(11): 3371-3379.

[124] 程传煊 . 表面物理化学 [M]. 科学技术文献出版社，1995.

[125] 姚允斌，谢涛，高敏英 . 物理化学手册 [M]. 上海科学技术出版社，1985.

[126] Deshpande R, Hua D-W, Smith D M, et al. Pore structure evolution in silica gel during aging/drying. III. effects of surface tension[J]. Journal of Non-Crystalline Solids, 1992, 144(1): 32-44.

[127] Bisson A, Rodier E, Rigacci A, et al. Study of evaporative drying of treated silica gels[J]. Journal of Non-Crystalline Solids, 2004, 350(24): 230-237.

[128] Scherer G W, Haereid S, Nilsen E, et al. Shrinkage of silica gels aged in TEOS[J]. Journal of Non-Crystalline Solids, 1996, 202(1-2): 42-52.

[129] Pierre A C, Pajonk G M. Chemistry of aerogels and their applications[J]. Chemical Reviews, 2002, 102(11): 4243-4265.

[130] Matson D W, Smith R D. Supercritical fluid technologies for ceramic processing applications[J]. Journal of the American Ceramic Society. 1989, 72(6): 871-81.

[131] Fricke J, Emmerling A. Aerogels[J]. Journal of the American Ceramic Society, 1991, 3(10): 2027-2035.

[132] Hüsing N, Schubert U. Aerogels-airy materials: chemistry, structure, and properties[J]. Angewandte Chemie International Edition, 1998, 37(1-2): 22-45.

[133] Hüsing N, Schubert U. Aerogele-luftige materialien: chemie, struktur und

eigenschaften[J]. Angewandte Chemie, 1998, 110(1-2): 22-47.

[134] Obrey K A, Wilson K V, Loy D A. Enhancing mechanical properties of silica aerogels[J]. Journal of Non-Crystalline Solids, 2011, 357(19): 3435-3441.

[135] 邵再东，张颖，程璇 . 新型力学性能增强二氧化硅气凝胶块体隔热材料 [J]. 化学进展，2014，26(8): 1329-1338.

[136] Leventis N, Sotiriou L C, Zhang G, et al. Nanoengineering strong silica aerogels[J]. Nano Letters, 2002, 2(9): 957-960.

[137] Zhang G, Dass A, Rawashdeh A M M, et al. Isocyanate-crosslinked silica aerogel monoliths: preparation and characterization[J]. Journal of Non-Crystalline Solids, 2004, 350(8): 152-164.

[138] Katti A, Shimpi N, Roy S, et al. Chemical, physical, and mechanical characterization of isocyanate cross-linked amine-modified silica aerogels[J]. Chemistry of Materials, 2006, 18(2): 285-296.

[139] 杨海龙，孔祥明，曹恩祥，等 . 聚合物改性 SiO_2 气凝胶的常压干燥制备及表征 [J]. 复合材料学报，2012，29(2): 1-9.

[140] Yang H, Kong X, Zhang Y, et al. Mechanical properties of polymer-modified silica aerogels dried under ambient pressure[J]. Journal of Non-Crystalline Solids, 2011, 357(19-20): 3447-3453.

[141] Ilhan F, Fabrizio E, McCorkle L, et al. Hydrophobic monolithic aerogels by nanocasting polystyrene on amine-modified silica[J]. Journal of Materials Chemistry, 2006, 16(29): 3046-3054.

[142] Nguyen B N, Meador M A B, Tousley M E, et al. Tailoring elastic properties

of silica aerogels cross-linked with polystyrene[J]. ACS Applied Materials & Interfaces, 2009, 1(3): 621-630.

[143] Mulik S, Sotiriou-Leventis C, Churu G, et al. Cross-linking 3D assemblies of nanoparticles into mechanically strong aerogels by surface-initiated free-radical polymerization[J]. Chemistry of Materials, 2008, 20(15): 5035-5046.

[144] Leventis N, Sadekar A, Chandrasekaran N, et al. Click synthesis of monolithic silicon carbide aerogels from polyacrylonitrile-coated 3D silica networks[J]. Chemistry of Materials, 2010, 22(9): 2790-2803.

[145] Meador M A B, Fabrizio E F, Ilhan F, et al. Cross-linking amine-modified silica aerogels with epoxies: mechanically strong lightweight porous materials[J]. Chemistry of Materials, 2005, 17(5): 1085-1098.

[146] Shao Z, Wu G, Cheng X, et al. Rapid synthesis of amine cross-linked epoxy and methyl co-modified silica aerogels by ambient pressure drying[J]. Journal of Non-Crystalline Solids, 2012, 358(18-19): 2612-2615.

[147] 高淑雅，孔祥朝，吕磊，等 . 环氧树脂增强 SiO_2 气凝胶复合材料的制备[J]. 陕西科技大学学报，2012，30(1): 1-3.

[148] Boday D J, Keng P Y, Muriithi B, et al. Mechanically reinforced silica aerogel nanocomposites via surface initiated atom transfer radical polymerizations[J]. Journal of Materials Chemistry, 2010, 20(33): 6863-6865.

[149] Boday D J, DeFriend K A, Wilson K V, et al. Formation of polycyanoacrylate-silica nanocomposites by chemical vapor deposition of cyanoacrylates on aerogels[J]. Chemistry of Materials, 2008, 20(9): 2845-2847.

[150] Boday D J, Stover R J, Muriithi B, et al. Strong, low-density nanocomposites by chemical vapor deposition and polymerization of cyanoacrylates on aminated silica aerogels[J]. ACS Applied Materials & Interfaces, 2009, 1(7): 1364-1369.

[151] Meador M A B, Vivod S L, McCorkle L, et al. Reinforcing polymer cross-linked aerogels with carbon nanofibers[J]. Journal of Materials Chemistry, 2008, 18(16): 1843-1852.

[152] Wei T Y, Lu S Y, Chng Y C. Transparent, hydrophobic composite aerogels with high mechanical srength and low high-temperature thermal conductivities[J]. The Journal of Physical Chemistry B, 2008, 112(38): 11881-11886.

[153] Zhao S, Malfait W J, Demilecamps A, et al. Strong, thermally superinsulating biopolymer-silica aerogel hybrids by cogelation of silicic acid with pectin[J]. Angewandte Chemie International Edition, 2015, 54(48): 14282-14286.

[154] Duan Y, Jana S C, Reinsel A M, et al. Surface Modification and reinforcement of silica aerogels using polyhedral oligomeric silsesquioxanes[J]. Langmuir, 2012, 28(43): 15362-15371.

[155] Castro A J. Methods for making microporous products. U.S. 4247498[P]. 1981.

[156] Kim S S, Lloyd D R. Microporous membrane formation via thermally-induced phase separation. III. Effect of thermodynamic interactions on the structure of isotactic polypropylene membranes. Journal of Membrane Science, 1991, 64(1): 13-29.

[157] Lloyd D R, Kim S S, Kinzer K E. Microporous membrane formation via

thermally-induced phase separation. II. Liquid-liquid phase separation. Journal of Membrane Science, 1991, 64(1): 1-11.

[158] Burghardt W. Phase diagrams for binary polymer systems exhibiting both crystallization and limited liquid-liquid miscibility. Macromolecules. 1989, 22(5): 2482-2486.

[159] Hanks P L, Lloyd D R. Deterministic model for matrix solidification in liquid-liquid thermally induced phase separation. Journal of Membrane Science, 2007, 306(1-2): 125-133.

[160] Chremos A, Nikoubashman A, Panagiotopoulos A Z. Flory-Huggins parameter χ, from binary mixtures of lennard-jones particles to block copolymer melts[J]. Journal of Chemical Physics, 2014, 140(5): 054909.

[161] Kim J F, Kim J H, Lee Y M. Thermally induced phase separation and electrospinning methods for emerging membrane applications: A review[J]. AIChE Journal, 2016, 62(2): 461-490.

[162] Lloyd D R, Kinzer K E, Tseng H, et al. Microporous membrane formation via thermally induced phase separation. I, Solid-liquid phase separation[J]. Journal of Membrane Science, 1990, 52(3): 239-261.

[163] Reim M, Körner W, Manara J, et al. Silica aerogel granulate material for thermal insulation and daylighting[J]. Solar Energy, 2005, 79(2): 131-139.

[164] Bhagat S D, Kim Y H, Ahn Y S, et al. Rapid synthesis of water-glass based aerogels by in situ surface modification of the hydrogels[J]. Applied Surface Science, 2007, 253(6): 3231-3236.

[165] Gurav J L, Jung I-K, Park H-H, et al. Silica aerogel: synthesis and applications[J]. Journal of Nanomaterials, 2010, 2010(24): 1-11.

[166] Lucas E M, Doescher M S, Ebenstein D M, et al. Silica aerogels with enhanced durability, 30-nm mean pore-size, and improved immersibility in liquids[J]. Journal of Non-Crystalline Solids, 2004, 350(8): 244-252.

[167] Schwertfeger F, Frank D, Schmidt M. Hydrophobic waterglass based aerogels without solvent exchange or supercritical drying[J]. Journal of Non-Crystalline Solids, 1998, 225(1): 24-29.

[168] Wang L, Zhao S. Synthesis and characteristics of mesoporous silica aerogels with one-step solvent exchange/surface modification[J]. Journal of Wuhan University of Technology-Mater. Sci. Ed., 2009, 24(4): 613-618.

[169] Plueddemann E P. Chemistry of silane coupling agents[M]. Springer, 1991: 31-54.

[170] 李德亮，王军，常志显，等 . 二氧化硅表面的 GPTMS 修饰 [J]. 化学进展，2008，20(7): 1115-1121.

[171] Pajonk G M. Drying methods preserving the textural properties of gels[J]. Le Journal de Physique Colloques, 1989, 50(8): C4-13-C4-22.

[172] Bisson A, Rigacci A, Lecomte D, et al. Drying of silica gels to obtain aerogels:phenomenology and basic techniques[J]. Drying Technology, 2003, 21(4): 593-628.

[173] Rao A P, Rao A V, Pajonk G M. Hydrophobic and physical properties of the ambient pressure dried silica aerogels with sodium silicate precursor using

various surface modification agents[J]. Applied Surface Science, 2007, 253(14): 6032-6040.

[174] Elrassy H, Pierre A. NMR and IR spectroscopy of silica aerogels with different hydrophobic characteristics[J]. Journal of Non Crystalline Solids, 2005, 351(19): 1603-1610.

[175] Lee S, Cha Y C, Hwang H J, et al. The effect of pH on the physicochemical properties of silica aerogels prepared by an ambient pressure drying method[J]. Materials Letters, 2007, 61(14-15): 3130-3133.

[176] Novak B M, Auerbach D, Verrier C. Low-density, mutually interpenetrating organic-inorganic composite materials via supercritical drying techniques[J]. Chemistry of Materials, 1994, 6(3): 282-286.

[177] Bersani D, Lottici P P, Tosini L, et al. Raman study of the polymerization processes in trimethoxysilylpropyl methacrylate (TMSPM)[J]. Journal of Raman Spectroscopy, 1999, 30(11): 1043-1047.

[178] Kashiwagi T, Inaba A, Brown J E, et al. Effects of weak linkages on the thermal and oxidative degradation of poly(methyl methacrylates)[J]. Macromolecules, 1986, 19(8): 2160-2168.

[179] 曾文茹，李疏芬，周允基 . 聚甲基丙烯酸甲酯热氧化降解的化学动力学研究 [J]. 化学物理学报，2003，16(1): 64-68.

[180] Thommes M, Kaneko K, Neimark A V, et al. Physisorption of gases, with special reference to the evaluation of surface area and pore size distribution (IUPAC Technical Report) [J]. Pure and Applied Chemistry, 2015, 87(9):

1051-1069.

[181] Pharr G M, Oliver W C, Brotzen F R. On the generality of the relationship among contact stiffness, contact area, and elastic modulus during indentation[J]. Journal of Materials Research, 1992, 7(3): 613-617.

[182] Oliver W C, Pharr G M. An improved technique for determining hardness and elastic modulus using load and displacement sensing indentation experiments[J]. Journal of Materials Research, 1992, 7(6): 1564-1583.

[183] Oliver W C, Pharr G M. Measurement of hardness and elastic modulus by instrumented indentation: Advances in understanding and refinements to methodology[J]. Journal of Materials Research, 2004, 19(1): 3-20.

[184] Gross J, Reichenauer G, Fricke J. Mechanical properties of SiO_2 aerogels[J]. Journal of Physics D Applied Physics, 1988, 21(9): 203.

[185] Rao A V, Pajonk G M, Parvathy N N. Effect of solvents and catalysts on monolithicity and physical properties of silica aerogels[J]. Journal of Materials Science, 1994, 29(7): 1807-1817.

[186] Moner-Girona M. Mechanical properties of silica aerogels measured by microindentation: influence of sol gel processing parameters and carbon addition[J]. Journal of Non Crystalline Solids, 2001, 285(1): 244-250.

[187] Hrubesh L W. Aerogel applications[J]. Journal of Non-Crystalline Solids, 1998, 225(1): 335-342.

[188] Zeng S Q, Hunt A, Greif R. Theoretical modeling of carbon content to minimize heat transfer in silica aerogel[J]. Journal of Non-Crystalline Solids,

1995, 186(2): 271-277.

[189] 苏高辉，杨自春，孙丰瑞 . 遮光剂对 SiO_2 气凝胶热辐射特性影响的理论研究 [J]. 哈尔滨工程大学学报，2014，35(5): 642-648.

[190] Smith D M, Maskara A, Boes U. Aerogel-based thermal insulation[J]. Journal of Non-Crystalline Solids, 1998, 225(1): 254-259.

[191] Wang X D, Sun D, Duan Y Y, et al. Radiative characteristics of opacifier-loaded silica aerogel composites[J]. Journal of Non-Crystalline Solids, 2013, 375(3): 31-39.

[192] Wang J, Kuhn J, Lu X. Monolithic silica aerogel insulation doped with TiO2 powder and ceramic fibers[J]. Journal of Non-Crystalline Solids, 1995, 186(2): 296-300.

[193] 张贺新，张晓红，方双全 . K2Ti6O13 晶须掺杂对 SiO_2 气凝胶结构和红外透过性能的影响 [J]. 硅酸盐学报，2011，39(2): 268-272.

[194] Miller J B, Rankin S E, Ko E I. Strategies in controlling the homogeneity of zirconia-silica aerogels: effect of preparation on textural and catalytic properties[J]. Journal of Catalysis, 1994, 148(2): 673-682.

[195] Hammel E, Tang X, Trampert M, et al. Carbon nanofibers for composite applications[J]. Carbon, 2004, 42(5): 1153-1158.

[196] Yazdanbakhsh A, Grasley Z C, Tyson B, et al. Carbon nano filaments in cementitious materials: some issues on dispersion and interfacial bond[J]. Special Publication, 2009, 267: 21-34.

[197] Metaxa Z, Konsta G M, Shah S. Carbon nanofiber-reinforced cement-based

materials[J]. Transportation Research Record Journal of the Transportation Tesearch Board, 2016, 2142(2142): 114-118.

[198] 姜洪文 . 分析化学，第二版 [M]. 化学工业出版社，2005.

[199] 王向东，张跃，王树彬，等 . 碳化钛悬浮体分散特性和流变性能的研究 [J]. 稀有金属材料与工程，2007，36(S1): 153-155.

[200] 窦文龄，辛霞，徐桂英 . 两亲分子对碳纳米管的分散稳定作用 [J]. 物理化学学报，2009，25(2): 382-388.

[201] Strano M S, Moore V C, Miller M K, et al. The role of surfactant adsorption during ultrasonication in the dispersion of single-walled carbon nanotubes[J]. Journal of Nanoscience and Nanotechnology, 2003, 3(1-2): 81-86.

[202] Sinani V A, Gheith M K, Yaroslavov A A, et al. Aqueous dispersions of single-wall and multiwall carbon nanotubes with designed amphiphilic polycations[J]. Journal of the American Chemical Society, 2005, 127(10): 3463-3472.

[203] Sjöblom J, Lindberg R, Friberg S E. Microemulsions-phase equilibria characterization, structures, applications and chemical reactions[J]. Advances in Colloid and Interface Science, 1996, 65(96): 125-287.

[204] Prouzet E, Pinnavaia T J. Assembly of mesoporous molecular sieves containing wormhole motifs by a nonionic surfactant pathway: control of pore size by synthesis temperature[J]. Angewandte Chemie International Edition in English, 1997, 36(5): 516-518.

[205] Bagshaw S A, Prouzet E, Pinnavaia T J. Templating of mesoporous molecular sieves by nonionic polyethylene oxide surfactants[J]. Science, 1995, 269(5228):

1242-1244.

[206] Aikawa K, Kaneko K, Tamura T, et al. Formation of fractal porous silica by hydrolysis of TEOS in a bicontinuous microemulsion[J]. Colloids and Surfaces A: Physicochemical and Engineering Aspects, 1999, 150(1): 95-104.

[207] Zhao D, Feng J, Huo Q, et al. Triblock copolymer syntheses of mesoporous silica with periodic 50 to 300 angstrom pores[J]. Science, 1998, 279(5350): 548-552.

[208] 赵振国 . 吸附法研究固体表面的分形性质 [G]. 大学化学，2005，(04): 22-28.

[209] 徐耀，李志宏，范文浩，等 . 小角 x 射线散射法研究甲基改性氧化硅凝胶的双分形结构 [J]. 物理学报，2003，52(2): 442-447.

[210] Perissinotto A P, Awano C M, Donatti D A, et al. Mass and surface fractal in supercritical dried silica aerogels prepared with additions of sodium dodecyl sulfate[J]. Langmuir, 2015, 31(1): 562-568.

[211] Keefer K D, Schaefer D W. Growth of fractally rough colloids[J]. Physical Review Letters, 1986, 56(22): 2376-2379.

[212] Hurd A J, Schaefer D W, Martin J E. Surface and mass fractals in vapor-phase aggregates[J]. Physical Review A, 1987, 35(5): 2361-2364.

[213] Carrott P J M, Mcleod A I, Sing K S W. Application of the Frenkel-Halsey-Hill equation to multilayer isotherms of nitrogen on oxides at 77K[J]. Studies in Surface Science and Catalysis, 1982, 10(35): 403-410.

[214] Meng F, Schlup J R, Fan L T. A Comparative study of surface fractality between

polymeric and particulate titania aerogels[J]. Journal of Colloid and Interface Science, 1998, 197(1): 88-93.

[215] Frenkel J. Book review: kinetic theory of liquids[J]. Science, 1947, 106.

[216] Halsey G. Physical adsorption on non-uniform surfaces[J]. The Journal of Chemical Physics, 1948, 16(10): 931-937.

[217] Hill T L. Theory of physical adsorption[J]. Advances in Catalysis, 1952, 4(6): 211-258.

[218] Pfeifer P, Wu Y J, Cole M W, et al. Multilayer adsorption on a fractally rough surface[J]. Physical Review Letters, 1989, 62(17): 1997-2000.

[219] Pfeifer P, Cole M W. Fractals in surface science: scattering and thermodynamics of adsorbed films. II[J]. New Journal of Chemistry, 1990, 14(3): 221-232.

[220] Ismail I M, Pfeifer P. Fractal analysis and surface roughness of nonporous carbon fibers and carbon blacks[J]. Langmuir, 1994, 10(5): 1532-1538.

[221] Tang P, Chew N Y K, Chan H K, et al. Limitation of determination of surface fractal dimension using N2 adsorption isotherms and modified Frenkel-Halsey-Hill theory[J]. Langmuir, 2003, 19(7): 2632-2638.

[222] 何飞，赫晓东，李垚 . 掺杂二氧化硅干凝胶孔结构的分形特性 [J]. 复合材料学报，2007，24(1): 81-85.

[223] 赵善宇 . 介孔 SiO_2 材料及相应复合气凝胶体系的合成 [D]. 大连：大连理工大学，2010.

[224] Einarsrud M A, Nilsen E, Rigacci A, et al. Strengthening of silica gels and aerogels by washing and aging processes[J]. Journal of Non-Crystalline Solids,

2001, 285(1): 1-7.

[225] Leventis N. Three-dimensional core-shell superstructures: mechanically strong aerogels[J]. Accounts of Chemical Research, 2007, 40(9): 874-884.

[226] Guo H, Meador M A B, McCorkle L, et al. Polyimide aerogels cross-linked through amine functionalized polyoligomeric silsesquioxane[J]. ACS Applied Materials & Interfaces, 2011, 3(2): 546-552.

[227] 王珏，沈军 . 高效隔热材料掺 TiO2 及玻璃纤维硅石气凝胶的研制 [J]. 材料研究学报，1995，9(6): 568-572.

[228] 王衍飞，张长瑞，冯坚，等 . SiO_2 气凝胶复合短切莫来石纤维多孔骨架复合材料的制备及性能 [J]. 国防科技大学学报，2008，30(6): 24-28.

[229] 董志军，李轩科，袁观明 . 莫来石纤维增强 SiO_2 气凝胶复合材料的制备及性能研究 [J]. 化工新型材料，2006，34(7): 58-61.

[230] 冯坚，高庆福，冯军宗，等 . 纤维增强 SiO_2 气凝胶隔热复合材料的制备及其性能 [J]. 国防科技大学学报，2010，32(1): 40-44.

[231] Boday D J, Muriithi B, Stover R J, et al. Polyaniline nanofiber-silica composite aerogels[J]. Journal of Non-Crystalline Solids, 2012, 358(12-13): 1575-1580.

[232] Brandrup J, Immergut E H, Grulke E A. Polymer handbook (4th Edition) [M]. New York: Wiley, 1999.

[233] Cowie J M G, Mohsin M A, McEwen I J. Alcohol-water cosolvent systems for poly(methyl methacrylate)[J]. Polymer, 1987, 28(9): 1569-1572

[234] Franks F, Ives D J G. The structural properties of alcohol-water mixtures[J]. Quanterly Reviews Chemical Society, 1966, 20(20): 1-44.

[235] Zhang L, Wang Q, Liu Y C, et al. On the mutual diffusion properties of ethanol-water mixtures[J]. Journal of Chemical Physics, 2006, 125(10): 104502.

[236] Hoogenboom R, Becer C R, Guerrero-Sanchez C, et al. Solubility and thermoresponsiveness of PMMA in alcohol-water solvent mixtures[J]. Australian Journal of Chemistry, 2010, 63(8): 1173-1178.

[237] Hoogenboom R, Rogers S, Can A, et al. Self-assembly of double hydrophobic block copolymers in water-ethanol mixtures: from micelles to thermoresponsive micellar gels[J]. Chemical Communications, 2009, 37(37): 5582-5584.

[238] Dormidontova E E. Influence of end groups on phase behavior and properties of PEO in aqueous solutions[J]. Macromolecules, 2007, 37(20): 7747-7761.

[239] Meador M A B, Capadona L A, McCorkle L, et al. Structure-property relationships inporous 3D nanostructures as a function of preparation conditions: isocyanate cross-linked silica aerogels[J]. Chemistry of Materials, 2007, 19(9): 2247-2260.

[240] Nguyen B N, Meador M A B, Medoro A, et al. Elastic behavior of methyltrimethoxysilane based aerogels reinforced with tri-isocyanate[J]. ACS Applied Materials & Interfaces, 2010, 2(5): 1430-1443.

[241] Van Bommel M J, Den Engelsen C W, Van Miltenburg J C. A thermoporometry study of fumed silica aerogel composites[J]. Journal of Porous Materials, 1997, 4(3): 143-150.

[242] Aguilar D H, Torres-Gonzalez L C, Torres-Martinez L M, et al. A study of the crystallization of ZrO2 in the sol-gel system: ZrO2-SiO_2[J]. Journal of Solid

State Chemistry France, 2001, 158(2): 349-357.

[243] Fricke J. Aerogels[M]. Berlin Heidelberg: Springer, 1986.

[244] Woignier T, Reynes J, Hafidi A A, et al. Different kinds of structure in aerogels: relationships with the mechanical properties[J]. Journal of Non-Crystalline Solids, 1998, 241(1): 45-52.

[245] Banks M, Ebdon J R, Johnson M. Influence of covalently bound phosphorus-containing groups on the flammability of poly(vinyl alcohol), poly(ethylene-co-vinyl alcohol) and low-density polyethylene[J]. Polymer, 1993, 34(21): 4547-4556.

[246] Wang G, Uyama H. Reactive poly(ethylene-co-vinyl alcohol) monoliths with tunable pore morphology for enzyme immobilization[J]. Colloid and Polymer Science, 2015, 293(8): 2429-2435.

[247] 冯坚，高庆福，张长瑞，等. SiO_2 溶胶配比对气凝胶隔热复合材料力学性能的影响 [J]. 复合材料学报，2010，27(6): 179-183.

[248] 杨海龙，倪文，梁涛，等. 硅酸铝纤维增强纳米孔绝热材料的制备与表征 [J]. 材料工程，2007，2007(7): 63-66.

[249] Parmenter K E, Milstein F. Mechanical properties of silica aerogels[J]. Journal of Non-Crystalline Solids, 1998, 223(3): 179-189.

[250] Karout A, Buisson P, Perrard A, et al. Shaping and mechanical reinforcement of silica aerogel biocatalysts with ceramic fiber felts[J]. Journal of Sol-Gel Science and Technology, 2005, 36(2): 163-171.

[251] Woignier T, Primera J, Alaoui A, et al. Mechanical properties and brittle

behavior of silica aerogels[J]. Gels, 2015, 1(2): 256-275.

[252] 刘光武，周斌，倪星元，等．复合增强型 SiO_2 气凝胶的一步法快速制备与性能表征 [J]. 硅酸盐学报，2015，(7): 934-940.

[253] Wong J C H, Kaymak H, Brunner S, et al. Mechanical properties of monolithic silica aerogels made from polyethoxydisiloxanes[J]. Microporous and Mesoporous Materials, 2014, 183(1): 23-29.

[254] Zhao S, Zhang Z, Sèbe G, et al. Multiscale assembly of superinsulating silica aerogels within silylated nanocellulosic scaffolds: improved mechanical properties promoted by nanoscale chemical compatibilization[J]. Advanced Functional Materials, 2015, 25(15): 2326-2334.

[255] Churu G, Zupančič B, Mohite D, et al. Synthesis and mechanical characterization of mechanically strong, polyurea-crosslinked, ordered mesoporous silica aerogels[J]. Journal of Sol-Gel Science and Technology, 2015, 75(1): 98-123.

[256] Meador M A B, Weber A S, Hindi A, et al. Structure-property relationships in porous 3D nanostructures: epoxy-cross-linked silica aerogels produced using ethanol as the solvent[J]. ACS Applied Materials & Interfaces, 2009, 1(4): 894-906.

[257] Chidambareswarapattar C, McCarver P M, Luo H, et al. Fractal multiscale nanoporous polyurethanes: flexible to extremely rigid aerogels from multifunctional small molecules[J]. Chemistry of Materials, 2013, 25(15): 3205-3224.

[258] Diascorn N, Calas S, Sallée H, et al. Polyurethane aerogels synthesis for thermal insulation-extural, thermal and mechanical properties[J]. The Journal of Supercritical Fluids, 2015, 106(3): 76-84.